职业技术教育课程改革规划教材
光电技术应用技能训练系列教材

激光打标机装调知识与技能训练

JIGUANG DABIAOJI ZHUANGTIAO
ZHISHI YU JINENG XUNLIAN

主　编　陈毕双　吕启涛
副主编　黄　健　李　凯　邵莉芬　杨捷顺
参　编　顾宇翔　陈云刚　杨　欢　宋　凯
主　审　唐霞辉

U0362750

华中科技大学出版社
http://www.hustp.com
中国·武汉

内 容 简 介

本教材在讲述激光技术基本理论和测试方法的基础上,通过完成具体的技能训练项目来实现掌握激光打标机整机安装调试和维护维修基础理论知识和职业岗位专业技能的教学目标,每个技能训练项目由一个或几个不同的训练任务组成,主要包括激光打标机器件连接技能训练、激光打标机光路系统部件装调技能训练、激光打标机整机装调技能训练。

本书可作为大专院校、职业技术院校光电类专业的激光加工设备制造调试类理论知识和技能训练一体化课程教材,也可作为激光行业企业员工的培训教材。

图书在版编目(CIP)数据

激光打标机装调知识与技能训练/陈毕双,吕启涛主编.—武汉:华中科技大学出版社,2018.8(2023.8 重印)
职业技术教育课程改革规划教材.光电技术应用技能训练系列教材
ISBN 978-7-5680-4519-3

Ⅰ.①激⋯ Ⅱ.①陈⋯ ②吕⋯ Ⅲ.①激光打标机-安装-职业教育-教材 ②激光打标机-调试方法-职业教育-教材 Ⅳ.①TB486

中国版本图书馆 CIP 数据核字(2018)第 193769 号

激光打标机装调知识与技能训练
Jiguang Dabiaoji Zhuangtiao Zhishi yu Jineng Xunlian
陈毕双　吕启涛　主编

策划编辑:王红梅
责任编辑:余　涛
封面设计:秦　茹
责任校对:何　欢
责任监印:周治超

出版发行:华中科技大学出版社(中国·武汉)　　电话:(027)81321913
　　　　　武汉市东湖新技术开发区华工科技园　　邮编:430223
录　　排:武汉市洪山区佳年华文印部
印　　刷:武汉科源印刷设计有限公司
开　　本:787mm×1092mm　1/16
印　　张:14.75
字　　数:357 千字
版　　次:2023 年 8 月第 1 版第 2 次印刷
定　　价:32.80 元

职业技术教育课程改革规划教材——光电技术应用技能训练系列教材

编审委员会

序　言

　　激光及光电技术在国民经济的各个领域的应用越来越广泛,中国激光及光电产业在近十年得到了飞速发展,成为我国高新技术产业发展的典范。2017 年,激光及光电行业从业人数超过 10 万人,其中绝大部分员工从事激光及光电设备制造、使用、维修及服务等岗位的工作,需要掌握光学、机械、电气、控制等多方面的专业知识,需要具备综合、熟练的专业技术技能。但是,激光及光电产业技术技能型人才培养的规模和速度与人才市场的需求相去甚远,这个问题引起了教育界,尤其是职业教育界的广泛关注。为此,中国光学学会激光加工专业委员会在 2017 年 7 月 28 日成立了中国光学学会激光加工专业委员会职业教育工作小组,希望通过这样一个平台将激光及光电行业的企业与职业院校紧密对接,为我国激光和光电产业技术技能型人才的培养提供重要的支撑。

　　我高兴地看到,职业教育工作小组成立以后,各成员单位围绕服务激光及光电产业对技术技能型人才培养的要求,加大教学改革力度,在总结、整理普通理实一体化教学的基础上,开始构建以激光及光电产业职业活动为导向、以校企合作为基础、以综合职业能力培养为核心,将理论教学与技能操作融会贯通的一体化课程体系,新的教学体系有效提高了技术技能型人才培养的质量。华中科技大学出版社组织国内开设激光及光电专业的职业院校的专家、学者,与国内知名激光及光电企业的技术专家合作,共同编写了这套职业技术教育课程改革规划教材——光电技术应用技能训练系列教材,为构建这种一体化课程体系提供了一个很好的典型案例。

　　我还高兴地看到,这套教材的编者,既有职业教育阅历丰富的职业院校老师,还有很多来自激光和光电行业龙头企业的技术专家及一线工程师,他们把自己丰富的行业经历融入这套教材里,使教材能更准确体现“以职业能力为培养目标,以具体工作任务为学习载体,按照工作过程和学习者自主学习要求设计和安排教学活动、学习活动”的一体化教学理念。所以,这套打着激光和光电行业龙头企业烙印的教材,首先呈现了结构清晰完整的实际工作过程,系统地介绍了工作过程相关知识,具体解决了做什么、怎么做的工作问题,同时又基于学生的学习过程设计了体系化的学习规范,具体解决学什么、怎么学、为什么这么做、如何做得更好的问题。

　　一体化课程体现了理论教学和实践教学融通合一、专业学习和工作实践学做合一、能力培养和工作岗位对接合一的特征,是职业教育专业和课程改革的亮点,也是一个十分辛苦的工作,我代表中国光学学会激光加工专业委员会对这套教材的出版表示衷心祝贺,希望写出更多的此类教材,全方位满足激光及光电产业对技术技能型人才的要求,同时也希望本套丛书的编者们悉心总结教材编写经验,争取使之成为广受读者欢迎的精品教材。

中国光学学会激光加工专业委员会主任
二〇一八年七月二十八日

前　言

自从 1960 年世界上第一台激光器诞生以来,激光技术不仅应用于科学技术研究的各个前沿领域,而且已经在工业、农业、军事、天文和日常生活中都得到了广泛应用,初步形成了较为完善的激光技术应用产业链条。

激光技术应用产业是以激光技术为核心生成各类零件、组件、设备以及各类激光应用市场的总和,其上游主要为激光材料及元器件制造产业,中游为各类激光器及其配套设备制造产业,下游为各类激光设备制造和激光设备应用产业。其中,激光技术应用中、下游产业需求员工最多,要求最广,主要就业岗位体现在激光设备制造、使用、维修及服务全过程,需要从业者掌握光学、机械、电气、控制等多方面的专业知识,具备综合熟练的专业技能。

为满足激光技术应用产业对员工的需求,国内各职业院校相继开办了光电子技术、激光加工技术、特种加工技术、激光技术应用等新兴专业来培养激光技术的技能型人才。由于受我国高等教育主要按学科分类进行教学的惯性影响,激光技术应用产业链中需要的知识和技能训练分散在各门学科的教学之中,专业课程建设和教材建设远远不能适合激光技术应用产业的职业岗位要求。

鉴于此,国内部分开设了激光技术专业的职业院校与国内一流激光设备制造和应用企业紧密合作,以企业真实工作任务和工作过程(即资讯—决策—计划—实施—检验—评价六个步骤)为导向,兼顾专业课程的教学过程组织要求进行了一体化专业课程改革,开发了专业核心课程,编写了专业系列教材并进行了教学实施。校企双方一致认为,现阶段激光技术应用专业应该根据办学条件开设激光设备安装调试和激光加工两大类核心课程,并通过一体化专业课程学习专业知识、掌握专业技能,为满足将来的职业岗位需求打下基础。

本书就是上述激光设备安装调试类核心课程中的一体化课程教材之一,具体来说,就是以射频 CO_2 气体激光打标机整机安装调试过程为学习载体,学生应了解打标机常用激光器工作原理,学会连接射频 CO_2 气体激光打标机主要元器件、安装调试打标机光路系统主要部件和打标机整机,学会进行打标机的日常维护和排除常见故障,掌握振镜式中小型激光设备在安装调试过程中的基本知识和基本技能。

本教材主要通过在讲述知识的基础上完成技能训练项目任务来实现教学目标,每个技能训练项目由一个或几个不同的训练任务组成,主要有以下三个技能训练项目。

项目一:射频 CO_2 气体激光打标机器件连接技能训练

项目二:射频 CO_2 气体激光打标机光路系统部件装调技能训练。

项目三:射频 CO_2 气体激光打标机整机装调技能训练。

由于以真实技能训练项目代替了大部分纯理论推导过程,本书特别适合作为职业院校激光技术应用相关专业的一体化课程教材,也可作为激光打标机生产制造企业和用户的员工培训教材,同时适合作为激光设备制造和激光设备应用领域的相关工程技术人员的自学教材。

　　本书各章节的内容由主编和副主编集体讨论形成,第1章第1、2、3节,第2章,第4章第1节、第5章第1、3节由深圳技师学院陈毕双执笔编写,第1章第4节、第3章第1、2节由大族激光科技产业集团股份有限公司吕启涛执笔编写,第3章第3节、第4章第2节、第5章第2节由深圳技师学院黄健执笔编写,第3章第4节由武汉仪表电子学校邵莉芬执笔编写,附录A由深圳技师学院杨捷顺、黄健执笔编写,附录B由深圳镭麦德激光李凯执笔编写。大族激光科技产业集团股份有限公司顾宇翔、深圳华工激光陈云刚、鞍山技师学院宋凯和武汉天之逸科技有限公司杨欢提供了大量的原始资料及编写建议,深圳技师学院激光技术应用教研室的全体老师和许多同学参与了资料的收集整理工作。全书由陈毕双统稿。

　　中国光学学会激光加工专业委员会、广东省激光行业协会和深圳市激光智能制造行业协会的各位领导和专家学者一直关注这套技能训练教材的出版工作,华中科技大学出版社的领导和编辑们为此书的出版做了大量组织工作,在此一并深表感谢。

　　本书在编写过程中参阅了一些专业著作、文献和企业的设备说明书,谨向相关作者表示诚挚的谢意。

　　本书承蒙华中科技大学光学与电子信息学院唐霞辉教授仔细审阅,提出了许多宝贵意见,在此深表感谢。

　　限于编者的水平和经验,本书还存在错误和不妥之处,希望广大读者批评指正。

编　者

2018 年 8 月

目　　录

1　激光制造设备基础知识 ……………………………………………… (1)
　1.1　激光概述 …………………………………………………………… (1)
　　1.1.1　激光的产生 ………………………………………………… (1)
　　1.1.2　激光的特性 ………………………………………………… (6)
　1.2　激光制造概述 ……………………………………………………… (8)
　　1.2.1　激光制造技术领域 ………………………………………… (8)
　　1.2.2　激光制造分类与特点 ……………………………………… (9)
　1.3　激光加工设备 ……………………………………………………… (12)
　　1.3.1　激光加工设备及其分类 …………………………………… (12)
　　1.3.2　激光加工设备系统组成 …………………………………… (15)
　1.4　激光安全防护知识 ………………………………………………… (32)
　　1.4.1　激光加工危险知识 ………………………………………… (32)
　　1.4.2　激光加工危险防护 ………………………………………… (36)
2　激光打标机主要参数测量方法与技能训练 ……………………… (41)
　2.1　激光打标与激光打标机概述 ……………………………………… (41)
　　2.1.1　激光打标概述 ……………………………………………… (41)
　　2.1.2　激光打标机系统组成 ……………………………………… (44)
　2.2　激光光束参数测量方法与技能训练 ……………………………… (49)
　　2.2.1　激光光束参数基本知识 …………………………………… (49)
　　2.2.2　电光调 Q 激光器静/动态特性测量方法 ………………… (53)
　　2.2.3　激光功率/能量测量方法 ………………………………… (56)
　　2.2.4　激光光束焦距确定方法 …………………………………… (59)
　　2.2.5　激光光束焦深确定方法 …………………………………… (60)
3　激光打标机主要器件连接知识与技能训练 ……………………… (61)
　3.1　激光打标机常用激光器知识 ……………………………………… (61)
　　3.1.1　氪灯泵浦激光器 …………………………………………… (61)
　　3.1.2　半导体泵浦激光器与控制方式 …………………………… (65)
　　3.1.3　光纤激光器与控制方式 …………………………………… (67)
　　3.1.4　射频 CO_2 激光器 ………………………………………… (69)
　3.2　激光打标机控制系统知识 ………………………………………… (75)
　　3.2.1　工控机知识 ………………………………………………… (75)
　　3.2.2　打标控制卡知识 …………………………………………… (78)
　　3.2.3　打标软件知识 ……………………………………………… (90)

3.3　激光打标机主要器件连接知识 ·················· (98)
　　3.3.1　线路连接工具使用 ·················· (98)
　　3.3.2　器件导线连接知识 ·················· (103)
　　3.3.3　激光打标机器件连接 ·················· (107)
3.4　射频 CO_2 激光打标机器件连接技能训练 ·················· (113)
　　3.4.1　打标机装调技能训练概述 ·················· (113)
　　3.4.2　结构件和器件安装技能训练 ·················· (115)
　　3.4.3　激光器系统连接技能训练 ·················· (121)
　　3.4.4　振镜系统连接技能训练 ·················· (123)
　　3.4.5　控制系统连接技能训练 ·················· (127)

4　激光打标机光路系统装调知识与技能训练 ·················· (131)
4.1　振镜式激光打标机光路系统器件装调知识 ·················· (131)
　　4.1.1　激光打标机部件安装知识 ·················· (131)
　　4.1.2　激光器安装知识 ·················· (133)
　　4.1.3　合束镜装调知识 ·················· (135)
　　4.1.4　扩束镜装调知识 ·················· (137)
　　4.1.5　振镜系统装调知识 ·················· (140)
　　4.1.6　场镜装调知识 ·················· (146)
　　4.1.7　红光指示器装调知识 ·················· (148)
4.2　射频 CO_2 激光打标机光路系统装调技能训练 ·················· (150)
　　4.2.1　光路系统器件装调技能训练概述 ·················· (150)
　　4.2.2　光路系统器件装调技能训练 ·················· (152)

5　激光打标机整机装调知识与技能训练 ·················· (158)
5.1　激光打标机整机装调知识 ·················· (158)
　　5.1.1　图形失真与校正知识 ·················· (158)
　　5.1.2　整机质检知识 ·················· (172)
5.2　激光打标机整机装调技能训练 ·················· (181)
　　5.2.1　激光打标机图形失真与校正技能训练 ·················· (181)
　　5.2.2　激光打标机整机质检技能训练 ·················· (185)
5.3　激光打标机整机维护保养知识 ·················· (189)
　　5.3.1　维护保养知识 ·················· (189)
　　5.3.2　打标机常见故障及排除方法 ·················· (193)

附录 A　射频 CO_2 激光打标机装调作业指导书 ·················· (195)
附录 B　GJD-CO2-10 10 W 射频 CO_2 激光打标机整机布线标示 ·················· (223)

参考文献 ·················· (226)

1

激光制造设备基础知识

1.1　激　光　概　述

1.1.1　激光的产生

1. 光的产生

1) 物质的组成

世界上能看到的任何宏观物质都是由原子、分子、离子等微观粒子构成。其中,分子是原子通过共价键结合形成的,离子是原子通过离子键结合形成的,所以归根结底,物质是由原子构成的,如图1-1所示。

2) 原子的结构

原子是由居于原子中心的带正电的原子核和核外带负电的电子构成的,如图1-2所示。

根据量子理论,同一个原子内的电子在不连续的轨道上运动,并且可以在不同的轨道上运动,如同一辆车在高速公路上可以开得快,在市区里就开得慢一样。

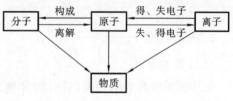

图1-1　物质的组成

在图1-3所示的玻尔的原子模型中,电子分别可以有 $n=1$、$n=2$、$n=3$ 三条轨道,原子对应不同轨道有三个不同的能级。

当 $n=1$ 时,电子与原子核之间距离最小,原子处于低能级的稳定状态,又称为基态。

当 $n>1$ 时,电子与原子核之间距离变大,原子跃迁到高能级的非稳定状态,又称为激发态。

3) 原子的发光

激发态的原子不会长时间停留在高能级上,它会自发地向低能级的基态跃迁,并释放出它的多余的能量。

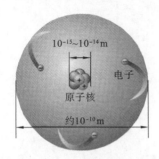

图1-2 原子的结构

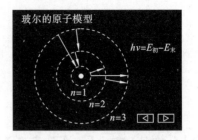

图1-3 玻尔的原子模型

如果原子是以光子的形式释放能量,这种跃迁称为自发辐射跃迁,此时宏观上可以看到物质正在以特定频率发光,其频率由发生跃迁的两个能级的能量差决定:

$$\nu = (E_2 - E_1)/h \tag{1-1}$$

式中:h 为普朗克常数,6.626×10^{-34} J·s;ν 为光的频率,s^{-1}。

自发辐射跃迁是除激光以外其他光源的发光方式,它是随机跃迁过程,发出的光在相位、偏振态和传播方向上都彼此无关。

由此可以看出,物质发光的本质是物质的原子、分子或离子处于较高的激发状态时,从较高能级向低能级跃迁,并自发地把过多的能量以光子的形式发射出来的结果,如图1-4所示。

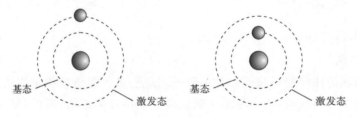

图1-4 物质发光的本质

2. 光的特性

1)波粒二象性

光是频率极高的电磁波,具有物理概念中波和粒子的一般特性,简称具有波粒二象性。光的波动性和粒子性是光的本性在不同条件下表现出来的两个侧面。

(1)电磁波谱:把电磁波按波长或频率的次序排列成谱,称为电磁波谱,如图1-5所示。

(2)可见光谱:可见光是一种能引起视觉的电磁波,其波长范围为 $380 \sim 780$ nm,频率范围为 $3.9 \times 10^{14} \sim 7.5 \times 10^{14}$ Hz。

(3)光在不同介质中传播时,频率不变,波长和传播速度变小。

$$u = \frac{c}{n}, \quad \lambda = \frac{\lambda_0}{n} \tag{1-2}$$

式中:u 为光在不同介质中的传播速度;c 为光在真空中的传播速度;λ 为光在不同介质中的波长;λ_0 为光在真空中的波长;n 为光在不同介质中的折射率。

2)光的波动性体现

光在传播过程中主要表现出光的波动性,我们可以通过光的直线传播定律、反射定律、

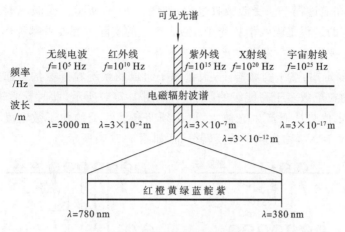

图 1-5 电磁波谱示意图

折射定律、独立传播定律、光路可逆原理等证明光在传播过程中表现出波动性。

光在低频或长波区波动性比较显著,利用电磁振荡耦合检测方法可以得到输入信号的振幅和相位。

3) 光的粒子性体现

光在与物质相互作用过程中主要表现出光的粒子性。

光的粒子性就是说光是以光速运动着的粒子(光子)流,一束频率为 ν 的光由能量相同的光子所组成,每个光子的能量为

$$E = h\nu \tag{1-3}$$

式中:h 为普朗克常数,6.626×10^{-34} J·s;ν 为光的频率,s^{-1}。

由此可知,光的频率愈高(即波长愈短),光子的能量愈大。

光在高频或短波区表现出极强的粒子性,利用它与其他物质的相互作用可以得到粒子流的强度,而无需相位关系。

3. 激光的产生

1) 受激辐射发光——激光产生的先决条件

处在高能级 E_2 上的粒子,由于受到能量为 $h\nu = E_2 - E_1$ 的外来光子的诱发而跃迁到低能级 E_1,并发射出一个频率为 $\nu = (E_2 - E_1)/h$ 的光子的跃迁过程称为受激辐射过程,如图 1-6(a)所示。

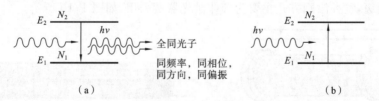

图 1-6 受激辐射与受激吸收过程

受激辐射过程发出的光子与入射光子的频率、相位、偏振方向以及传播方向均相同且有两倍同样的光子发出,光被放大了一倍,它是激光产生的先决条件。

受激辐射存在逆过程——受激吸收过程，如图 1-6(b)所示。受激辐射的过程是复制产生光子，受激吸收的过程是吸收消耗光子，激光产生的实际过程要看哪种作用更强。

2）粒子数反转分布——激光产生的必要条件

(1) 玻尔兹曼定律：热平衡状态下，大量原子组成的系统粒子数的分布服从玻耳兹曼定律，处于低能级的粒子数多于高能级的粒子数，如图 1-7(a)所示，此时受激辐射＜受激吸收。为了使受激辐射占优势从而产生光放大，就必须使高能级上的粒子数密度大于低能级上的粒子数密度，即 $N_2 > N_1$，称为粒子数反转分布，如图 1-7(b)所示。

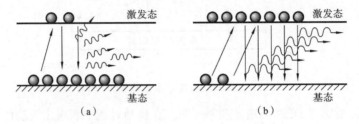

图 1-7 玻耳兹曼定律与粒子数反转状态

实现粒子数反转是激光产生的必要条件。

(2) 实现粒子数反转分布：在激光器的实际结构上，通过改变激光工作物质的内部结构和外部工作条件这样两个途径来实现持续的粒子数反转分布。

① 给激光工作物质注入外加能量：如果给激光工作物质注入外加能量，打破工作物质的热平衡状态，持续地把工作物质的活性粒子从基态能级激发到高能级，就可能在某两个能级之间实现粒子数反转，如图 1-8 所示。

图 1-8 粒子数反转的外部条件

注入外加能量的方法在激光的产生过程中称为激励，也称为泵浦。常见的激励方式有光激励、电激励、化学激励等。

光激励通常是用灯（脉冲氙灯、连续氪灯、碘钨灯等）或激光器作为泵浦光源照射激光工作物质，这种激励方式主要为固体激发器所采用，如图 1-9 所示。

电激励是采用气体放电方法使具有一定动能的自由电子与气体粒子相碰撞，把气体粒子激发到高能级，这种激励方式主要为气体激光器所采用，如图 1-10 所示。

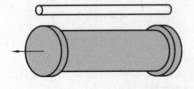

图 1-9 光激励示意图

图 1-10 电激励示意图

化学激励则是通过化学反应产生一种处于激发态的原子或分子，这种激励方式主要为化学激光器所采用。

② 改善激光工作物质的能级结构:在实际应用中能够实现粒子数反转的工作物质主要有三能级系统和四能级系统两类。

三能级系统如图 1-11(a)所示,粒子从基态 E_1 首先被激发到能级 E_3,粒子在能级 E_3 上是不稳定的,其寿命很短(约 10^{-8} s),很快地通过无辐射跃迁到达能级 E_2 上。能级 E_2 是亚稳态,粒子在 E_2 上的寿命较长($10^{-3}\sim$ 1 s),因而在 E_2 上可以积聚足够多的粒子,这样就可以在亚稳态和基态之间实现粒子数反转。

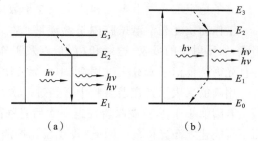

图 1-11　三能级系统和四能级系统

此时若有频率为 $\nu=(E_2-E_1)/h$ 的外来光子的激励,将诱发 E_2 上粒子的受激辐射,并使同样频率的光得到放大。红宝石就是具有这种三能级系统的典型工作物质。

三能级系统中,由于激光的下能级是基态,为了达到粒子数反转,必须把半数以上的基态粒子泵浦到上能级,因此要求很高的泵浦功率。

四能级系统如图 1-11(b)所示,它与三能级系统的区别是在亚稳态 E_2 与基态 E_0 之间还有一个高于基态的能级 E_1。由于能级 E_1 基本上是空的,这样 E_2 与 E_1 之间就比较容易实现粒子数反转,所以四能级系统的效率一般比三能级系统的高。

以钕离子为工作粒子的固体物质,如钕玻璃、掺钕钇铝石榴石晶体以及大多数气体激光工作物质都具有这种四能级系统的能级结构。

三能级系统和四能级系统的能级结构的特点是都有一个亚稳态能级,这是工作物质实现粒子数反转必需的条件。

3) 光学谐振腔——激光持续产生的源泉

(1) 谐振腔功能:虽然工作物质实现了粒子数反转就可以产生相同频率、相位和偏振的光子,但此时光子的数目很少且传播方向不一。

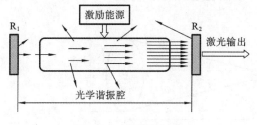

图 1-12　光学谐振腔

如果在工作物质两端面加上一对反射镜,或在两端面镀上反射膜,使光子来回通过工作物质,光子的数目就会像滚雪球似地越滚越多,形成一束很强且持续的激光输出。

把由两个或两个以上光学反射镜组成的器件称为光学谐振腔,如图 1-12 所示。

(2) 谐振腔结构:两块反射镜置于激光工作物质两端,反射镜之间的距离为腔长。其中反射镜 R_1 的反射率接近 100%,称为全反射镜,也称为高反镜;反射镜 R_2 部分反射激光,称为部分反射镜,也称为低反镜(半反镜)。

全反射镜和部分反射镜不断引起激光器谐振腔内的受激振荡,并允许激光从部分反射镜一端输出,故部分反射镜又称激光器窗口。

在谐振腔内,只有沿轴线附近传播的光才能被来回反射形成激光,而离轴光束经几次来回反射就会从反射镜边缘逸出谐振腔,所以激光光束具有很好的方向性。

4)阈值条件——激光输出对器件的总要求

有了稳定的光学谐振腔和能实现粒子数反转的工作物质,还不一定能产生激光输出。

工作物质在光学谐振腔内虽然能够产生光放大,但在谐振腔内还存在着许多光的损耗因素,如反射镜的吸收、透射和衍射,以及工作物质不均匀造成的光线折射和散射等。如果各种光损耗抵消了光放大过程,也不可能有激光输出。

用阈值来表示光在谐振腔中每经过一次往返后光强改变的趋势。

若阈值小于1,就意味着往返一次后光强减弱。来回多次反射后,它将变得越来越弱,因而不可能建立激光振荡。因此,实现激光振荡并输出激光,除了具备合适的工作物质和稳定的光学谐振腔外,还必须减少损耗,达到产生激光的阈值条件。

5)产生激光的充要条件

(1)要有含亚稳态能级的工作物质。

(2)要有合适的泵浦源,使工作物质中的粒子被抽运到亚稳态并实现粒子数的反转分布,以产生受激辐射光放大。

(3)要有光学谐振腔,使光往返反馈并获得增强,从而输出高定向、高强度的激光。

(4)要满足激光产生的阈值条件。

综上所述,激光(laser)的产生就是受激辐射的光放大效应(light amplification by stimulated emission of radiation)可以顺利进行的过程。

1.1.2 激光的特性

1. 激光的方向性

1)光束方向性指标——发散角 θ

激光光束发散角 θ 是衡量光束从其中心向外发散程度的指标,如图1-13所示。通常把发散角的大小作为光束方向性的定量指标。

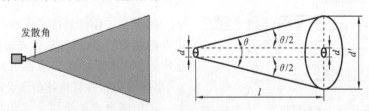

图1-13 光束的发散角

2)激光光束的发散角 θ

普通光源向四面八方发散,发散角 θ 很大。例如,点光源的发散角约为 4π 弧度。

激光光束基本上可以认为是沿轴向传播的,发散角 θ 很小。例如,氦氖激光器发散角约为 10^{-3} 弧度。

对比一下可以发现,激光光束的发散角 θ 不到普通光源的万分之一。

使用激光照射距离地球约38万千米远的月球,激光在月球表面的光斑直径不到2 km。

若换成看似平行的探照灯光柱射向月球,其光斑直径将覆盖整个月球。

2. 激光的单色性

1) 光束单色性指标——谱线宽度 $\Delta\lambda$

光束的颜色由光的波长(或频率)决定,单一波长(或频率)的光称为单色光,发射单色光的光源称为单色光源,如氦灯、氖灯、氘灯、氢灯等。

真正意义上的单色光源是不存在的,它们的波长(或频率)总会有一定的分布范围,如氪灯红光的单色性很好,谱线宽度范围仍有 0.00001 nm。

波长(或频率)的变动范围称为谱线宽度,用 $\Delta\lambda$ 表示,如图 1-14 所示。通常把光源的谱线宽度作为光束单色性的定量指标,谱线宽度越小,光源的单色性越好。

2) 激光光束的谱线宽度

普通光源单色性最好的是氪灯,其发射波长为 605.8 nm,谱线宽度为 4.7×10^{-4} nm。波长为 632.8 nm 的氦氖激光器产生的激光谱线宽度小于 10^{-8} nm,其单色性比氪灯的好 10^5 倍。

由此可见,激光光束的单色性远远超过任何一种单色光源。

3. 激光的相干性

1) 光束相干性指标——相干长度 L

两束频率相同、振动方向相同、有恒定相位差的光称为相干光。

光的相干性可以用相干长度 L 来表示,相干长度 L 与光的谱线宽度 $\Delta\lambda$ 有关,谱线宽度 $\Delta\lambda$ 越小,相干长度 L 越长。

2) 激光光束的相干长度

普通单色光源如氪灯、纳光灯等的谱线宽度在 $10^{-3}\sim10^{-2}$ nm 范围,相干长度在 1 mm 到几十厘米的范围。氦氖激光器的谱线宽度小于 10^{-8} nm,其相干长度可达几十千米。

由此可见,激光光束的相干性也远远超过任何一种单色光源。

4. 激光的高亮度

1) 光束亮度指标——光功率密度

光束亮度是光源在单位面积上向某一方向的单位立体角内发射的功率,简述为光功率/光斑面积,单位为 W/cm^2。由此看出,光束亮度实际上是光功率密度的另外一种表述形式。

2) 激光光束的光斑面积小

激光光束总的输出功率虽然不大,但由于光束发散角小,其亮度也高。例如,发散角从 180°缩小到 0.18°,亮度就可以提高 100 万倍,如图 1-15 所示。

3) 激光器的高功率

脉冲激光器的功率分为平均功率密度和峰值功率密度。

$$平均功率密度=平均功率(功率计测得的功率)/光斑面积$$
$$峰值功率密度=平均功率\times单位时间/重复频率/脉宽/光斑面积$$

4) 通过调 Q 技术压缩脉宽

有结果显示,脉冲激光器的光谱亮度可以比白炽灯的大 2×10^{20} 倍。

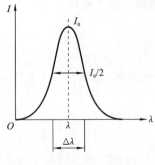

图 1-14　光束的谱线宽度

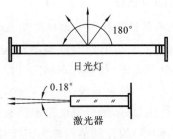

图 1-15　激光亮度

1.2　激光制造概述

1.2.1　激光制造技术领域

激光制造技术按激光光束对加工对象的影响尺寸范围,可以分为以下三个领域。

1. 激光宏观制造技术

(1)定义:激光宏观制造技术一般指激光光束对加工对象的影响尺寸范围在几毫米到几十毫米之间的加工工艺过程。

(2)主要工艺方法:激光宏观制造技术包括激光表面工程(包括激光表面处理、激光淬火、激光喷涂、激光蒸气沉积以及激光冲击硬化等,激光打标也归类在激光表面处理)、激光焊接、激光切割、激光增材制造等主要工艺方法。

2. 激光微加工技术

(1)定义:激光微加工技术一般指激光光束对加工对象的影响尺寸范围在几个微米到几百微米之间的加工工艺过程。

(2)主要工艺方法:激光微加工技术包括激光精密切割、激光精密钻孔、激光烧蚀和激光清洗等主要工艺方法。

3. 激光微纳制造技术

(1)定义:激光微纳制造技术一般指激光光束对加工对象的影响尺寸范围在纳米到亚微米之间的加工工艺过程。

(2)主要工艺方法:激光微纳制造技术包括飞秒激光直写、双光子聚合、干涉光刻、激光诱导表面纳米结构等主要工艺方法。

纳米尺度材料具有宏观尺度材料所不具备的一系列优异性能,制备纳米材料有许多途径,其中超快激光微纳制造成为通过激光手段制备纳米结构材料的热门方向。

超快激光一般是指脉冲宽度短于 10 ps 的皮秒和飞秒激光,超快激光的脉冲宽度极窄、能量密度极高、与材料作用的时间极短,会产生与常规激光加工几乎完全不同的机理,能够实现亚微米与纳米级制造、超高精度制造和全材料制造。

激光增材制造和超快激光微纳制造是激光制造技术领域中当前和今后一段时间的两个热点,已经被列入"增材制造和激光制造"国家重点研发计划。

1.2.2 激光制造分类与特点

1. 激光制造分类

从激光原理可以知道,激光具有单色性好、相干性好、方向性好、亮度高等四大特性,俗称三好一高。

激光宏观制造技术可以分为激光常规制造和激光增材制造两个大类,激光宏观制造技术主要利用了激光的高亮度和方向性好两个特点。

1) 激光常规制造

(1) 基本原理:把具有足够亮度的激光不束聚焦后照射到被加工材料上的指定部位,被加工材料在接受不同参量的激光照射后可以发生气化、熔化、金相组织以及内部应力变化等现象,从而达到工件材料去除、连接、改性和分离等不同的加工目的。

(2) 主要工艺方法:如图 1-16 所示,激光常规制造主要工艺方法包括激光表面工程(包括激光表面处理、激光淬火、激光喷涂、激光蒸气沉积以及激光冲击硬化等,国内常见的激光打标也可以归类在激光表面处理内)、激光焊接、激光切割等主要工艺方法。

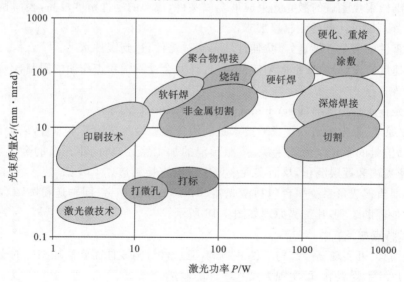

图 1-16 激光常规制造主要工艺方法

2) 激光增材制造(laser additive manufacturing,LAM)

激光增材制造技术是一种以激光为能量源的增材制造技术,按照成形原理进行分类,可以分为激光选区熔化和激光金属直接成形两大类。

(1) 激光选区熔化(selective laser melting,SLM)。

① 工作原理:激光选区熔化技术是利用高能量的激光光束,按照预定的扫描路径,扫描

预先在粉床铺覆好的金属粉末并将其完全熔化,再经冷却凝固后成形工件的一种技术,其工作原理如图 1-17 所示。

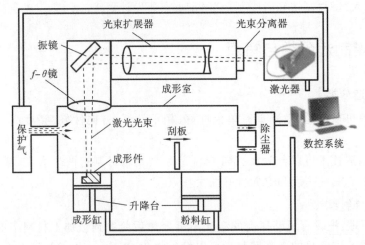

图 1-17   激光选区熔化工作原理

② 技术特点如下。

● 成形原料一般为金属粉末,主要包括不锈钢、镍基高温合金、钛合金、钴-铬合金、高强铝合金以及贵重金属等。

● 采用细微聚焦光斑的激光光束成形金属零件,成形的零件精度较高,表面稍经打磨、喷砂等简单后处理即可达到使用精度要求。

● 成形零件的力学性能良好,拉伸性能可超过铸件,达到锻件水平。

● 进给速度较慢,导致成形效率较低,零件尺寸会受到铺粉工作箱的限制,不适合制造大型的整体零件。

(2) 激光金属直接成形(laser metal direct forming,LMDF)。

① 工作原理:激光金属直接成形技术是利用快速原型制造的基本原理,以金属粉末为原材料,采用高能量的激光作为能量源,按照预定的加工路径,将同步送给的金属粉末进行逐层熔化,快速凝固和逐层沉积,从而实现金属零件的直接制造。

激光金属直接成形系统平台包括激光器、CNC 数控工作台、同轴送粉喷嘴、高精度可调送粉器及其他辅助装置,其工作原理如图 1-18 所示。

② 技术特点如下:

● 无需模具,可实现复杂结构零件的制造,但悬臂结构零件需要添加相应的支撑结构。

● 成形尺寸不受限制,可实现大尺寸零件的制造。

● 可实现不同材料的混合加工与制造梯度材料。

● 可对损伤零件实现快速修复。

● 成形组织均匀,具有良好的力学性能,可实现定向组织的制造。

2. 激光制造的特点

1) 一光多用

在同一台设备上用同一个激光源,通过改变激光源的控制方式就能分别实现同种材料

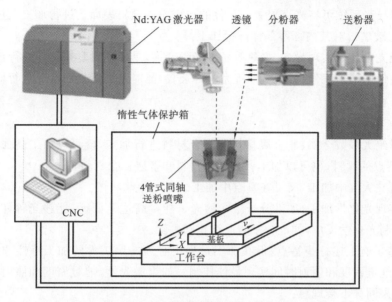

图 1-18 激光金属直接成形工作原理

的切割、打孔、焊接、表面处理等多种加工,既可分步加工,又可在几个工位同时加工。

图 1-19 是一台四光纤传输灯泵浦激光焊接机的光路系统示意图,灯泵浦激光器发出的单光束激光经过 45°反射镜 1 反射后,再分别经过 45°反射镜 2、3、4、5 分为四束激光,通过耦合透镜将四束激光耦合进入光纤进行传输,再通过准直透镜准直为平行光作用于工件上,实现了四光束同时加工,大大提高了加工效率。

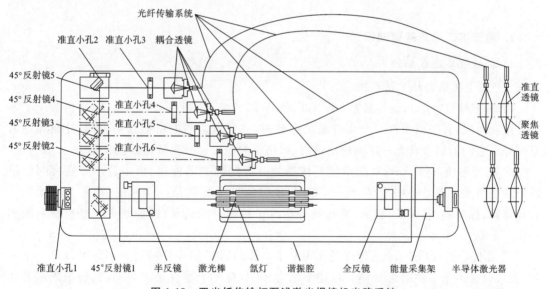

图 1-19 四光纤传输灯泵浦激光焊接机光路系统

2)一光好用

(1)在短时间内完成非接触柔性加工,工件无机械变形,热变形极小,后续加工量小,被加工材料的损耗也很少。

（2）利用导光系统可将光束聚集到工件的内表面或倾斜表面上进行加工，也可穿过透光物质（如石英、玻璃），对其内部零部件进行加工。

（3）激光光束易于实现导向、聚焦等各种光学变换，易实现对复杂工件进行自动化加工。

（4）通过使用精密工作台、视觉捕捉系统等装置，能对被加工表面状况进行监控，能进行精细微加工。

3）多光广用

（1）可对绝大多数金属、非金属材料和复合材料进行加工，既可以加工高强度、高硬度、高脆性及高熔点的材料，也可以加工各种软性材料和多层复合材料。

（2）既可在大气中加工，又可在真空中加工。

（3）可实现光化学加工，如准分子激光的光子能量高达 7.9 ev，能够光解许多分子的键能，引发或控制光化学反应，如准分子膜层淀积和去除。

激光制造虽有上述一些特点，但在加工过程中必须按照工件的加工特性选择合适的激光器，对照射能量密度和照射时间实现最佳控制。如果激光器、能量密度和照射时间选择不当，则加工效果同样不会理想。

1.3　激光加工设备

1.3.1　激光加工设备及其分类

1. 激光加工设备基础知识

1）机械设备组成知识

（1）关于机械的几个基本概念。

① 机械整机（machine）：根据 GB/T 18490—2001 定义，机械又称为机器，是由若干个零部件组合而成，其中至少有一个零件是可运动的，并且有适当的机械致动机构、控制和动力系统等。它们的组合具有一定的应用目的，如物料的加工、处理、搬运或包装等。

② 功能系统（system）：功能系统是按功能分类的同类部件组合，由若干要素（部分）组成。这些要素可能是一些个体、元件、零件，也可能其本身就是一个系统（或称为子系统）。如运算器、控制器、存储器、输入/输出设备组成了控制系统的硬件，而硬件又是控制系统的一个子系统。

③ 部件（assembly unit）：部件是实现某个动作（功能）的零件组合。部件可以是一个零件，也可以是多个零件的组合体。在这个组合体中，有一个零件是主要的，它实现既定的动作（功能），其他零件只起到连接、紧固、导向等辅助作用。

④ 零件（machine part）：组成机器的不可分拆的单个制件，其制造过程一般不需要装配工序。零件是机器制造过程中的基本单元。

（2）关于机械的几个扩展概念。

① 零部件:通常把除机架以外的所有零件和部件,统称为零部件。把机架称为构件,构件当然也是部件的一部分。

把不同零部件组合在一起的过程俗称零部件安装。

② 元器件:在涉及电子电路、光学、钟表设备的一些场合,某些零件(如电阻、电容、反射镜、聚焦镜、游丝、发条等)称为"元件"。某些部件(如三极管、二极管、可控硅、扩束镜等)称为"器件",合起来称为元器件。

把不同元器件组合在一起的过程俗称元器件连接。

由于激光加工机械集激光器、光学元件、计算机控制系统和精密机械部件于一体,零部件、元器件和构件等称呼就同时存在。

同理,激光加工机械的生产制造过程主要包含零部件安装和元器件连接两个过程,如以后要讲到的光路系统部件的安装过程和主要器件的连接过程。

2. 激光加工设备组成知识

1) 定义

根据 GB/T 18490—2001 定义,激光加工机械是包含有一台或多台激光器,能提供足够的能量/功率使至少有一部分工件融化、气化,或者引起相变的机械(机器),并且在准备使用时具有功能上和安全上的完备性。

根据以上定义和机械组成的基本概念可知,一台完整的激光加工设备由激光器系统、激光导光及聚焦系统、运动系统、冷却与辅助系统、控制系统、传感与检测系统六大功能系统组成,其核心为激光器系统。

值得提醒的是,根据功能要求不同,激光加工设备通常并不需要配置以上所有的功能系统,如激光打标机。

2) 系统组成分析实例

图 1-20 是某台机架式 30 W 射频 CO_2 激光打标机的结构图。

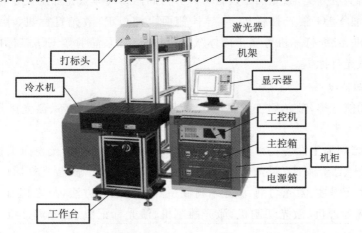

图 1-20　机架式 30 W 射频 CO_2 激光打标机总体结构

从外观上看,30 W 射频 CO_2 激光打标机主要由电源箱、机柜、主控箱、工控机、显示器、机架、激光器、打标头、冷水机、工作台等部件和器件组成。

按照激光加工设备的功能定义,电源箱和激光器构成了设备的激光器系统,主控箱、工控机、显示器构成了设备的控制系统,打标头构成了设备的导光及聚焦系统,工作台构成了设备的运动系统,机柜、冷水机构成了设备的冷却与辅助系统。由此看出,该台射频 CO_2 激光打标机没有传感与检测系统,但这并不影响其使用功能。

3. 激光加工设备分类知识

1)按激光输出方式分类

(1)连续激光加工设备:连续激光加工设备的特点是工作物质的激励和相应的激光输出可以在一段较长的时间范围内持续进行,连续光源激励的固体激光器和连续电激励的气体激光器及半导体激光器均属此类,如光纤激光切割机和 CO_2 激光切割机。

激光器连续运转过程中器件会产生过热效应,需采取适当的冷却措施。

(2)脉冲激光加工设备:脉冲激光加工设备可以分为单次脉冲和重复脉冲激光加工设备。

① 单次脉冲激光加工设备:单次脉冲激光加工设备中,激光器工作物质的激励和激光发射从时间上来说是一个单次脉冲过程。某些固体激光器、液体激光器及气体激光器均可以采用此方式运转,此时器件的热效应可以忽略,故某些设备可以不采取冷却措施。

典型的单次脉冲激光加工设备有激光打孔机、珠宝首饰焊接机等。

② 重复脉冲激光加工设备:重复脉冲激光加工设备中,激光器输出一系列的重复激光脉冲。激光器可相应以重复脉冲的方式激励,或以连续方式激励但以一定方式调制激光振荡过程,以获得重复脉冲激光输出,此时通常要求对器件采取有效的冷却措施。

重复脉冲激光加工设备种类很多,典型的重复脉冲激光加工设备有固体激光焊接机、固体及气体打标机等。

2)按激光器类型分类

按照激光器类型分类,激光加工设备可以分为固体和气体激光加工设备。

例如,灯泵浦 YAG 激光打标机、半导体侧面泵浦(DP)激光打标机、半导体端面泵浦(EP)激光打标机、光纤打标机等属于固体激光打标机;灯泵浦射频 CO_2 打标机、准分子打标机等属于气体激光打标机。

3)按加工功能分类

按照加工功能分类,激光加工设备可以分为激光宏观加工设备、激光微加工设备、激光微纳制造设备三大类。

目前,激光宏观加工设备仍然是激光加工设备的主流,包括激光表面工程(包括激光表面处理、激光淬火、激光喷涂、激光蒸气沉积以及激光冲击硬化等,激光打标可以归类在激光表面处理内)、激光焊接、激光切割、激光增材制造等主要工艺方法,与之相对应,工业激光加工系统有激光热处理机、激光切割机、激光雕刻机、激光标记机、激光焊接机、激光打孔机和激光划线机等类型。

4)按激光输出波长范围分类

按照激光输出波长范围,各类激光器可以分为以下几种。

(1)远红外激光器:指输出激光波长范围处于远红外光谱区($25 \sim 1000\ \mu m$)的激光器,

NH_3 分子远红外激光器（281 μm）、长波段自由电子激光器是其典型代表。

（2）中红外激光器：指输出激光波长范围处于中红外光谱区（2.5～25 μm）的激光器、CO_2 激光器（10.6 μm）是其典型代表。

（3）近红外激光器：指输出激光波长范围处于近红外光谱区（0.75～2.5 μm）的激光器，掺钕固体激光器（1.06 μm）、CaAs 半导体二极管激光器（约 0.8 μm）是其典型代表。

（4）可见光激光器：指输出激光波长范围处于可见光光谱区（0.4～0.7 μm）的激光器，红宝石激光器（6943 Å）、氦氖激光器（6328 Å）、氩离子激光器（4880 Å，5145 Å）、氪离子激光器（4762 Å，5208 Å，5682 Å，6471 Å）以及某些可调谐染料激光器等是其典型代表。

（5）近紫外激光器：指输出激光波长范围处于近紫外光谱区（0.2～0.4 μm）的激光器，氮分子激光器（3371 Å）、氟化氙（XeF）准分子激光器（3511 Å，3531 Å）、氟化氪（KrF）准分子激光器（2490 Å）以及某些可调谐染料激光器等是其典型代表。

（6）真空紫外激光器：指输出激光波长范围处于真空紫外光谱区（50～2000 Å）的激光器，氢（H）分子激光器（1098～1644 Å）、氙（Xe）准分子激光器（1730 Å）等是其典型代表。

（7）X 射线激光器：指输出激光波长范围处于 X 射线谱区（0.01～50 Å）的激光器，目前仍处于探索阶段。

5）按激光传输方式分类

按照激光传输方式分类，激光加工设备可以分为硬光路和软光路激光加工设备。

硬光路是指激光器产生的激光通过各类镜片传输并作用在工件上，适用各类峰值功率要求较高的加工设备，但由于其光路是固定的，结构比较笨重，光路控制不灵活，不利于工装夹具的放置。

软光路是指激光器产生的激光通过光纤作为传输介质作用在工件上，光纤传输的光斑功率密度均匀，输出端体积小，适用于各类自动线生产中，但传输的功率较小。

1.3.2　激光加工设备系统组成

1. 激光器系统

1）激光器系统组成

激光器系统是包括激光器及其配套器件的总称，主要的配套器件有激光电源和其相应的控制板卡。图 1-21 是一台 CO_2 激光器系统的内部结构图，从图中可以看到，除了激光器本身外，里面还有射频电源和真空泵等配套器件。

激光加工设备对激光器的要求：激光器的输出功率高，光电转换效率高，光束质量好，激光器尺寸小。追求高光束质量下的高功率是工业激光器发展的主要目标。

2）激光光束质量与判断方法

激光器系统产生的激光光束质量直接影响着激光加工设备的使用效果。

理论上，激光光束的质量可以采用激光光束远场发

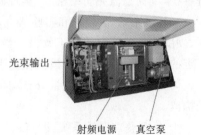

图 1-21　CO_2 激光器系统

散角 θ、激光光束聚焦特征参数值 K_f、衍射极限倍因子 M^2、光束传输因子 K 等参数来描述，具体参见激光原理相关教材。

在激光加工设备的现场装调中，技术人员多用相纸、热敏纸和倍频片等工具来判断激光光束质量的好坏，这将在以后的技能训练环节介绍它们的实际使用方法。

2. 导光及聚焦系统

1）导光及聚焦系统功能

在激光加工过程中，导光及聚焦系统根据加工条件、被加工件的形状以及加工要求，将不同的激光光束导向和聚焦在工件上，实现激光光束与工件的有效结合。

2）导光及聚焦系统组成

图 1-22 是某台激光加工设备的导光及聚焦系统示意图，从图中可以看出，导光及聚焦系统主要由不同类型的光学元器件组成，如反射镜、扩束镜、聚焦镜、物镜和保护镜等。

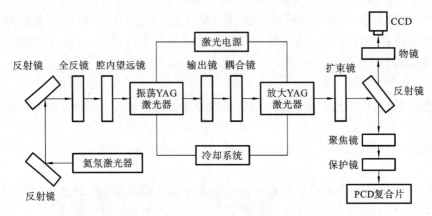

图 1-22 激光导光及聚焦系统示意图

根据这些镜片的作用，光学元器件可以分为四大类。

（1）光束转折系统：光束转折系统由各类反射镜构成，可以用一个或多个反射镜来改变光束传输方向。

当短时间、低功率使用时，不必对反射镜进行冷却，长时间、高功率使用时，必须采用冷却措施对反射镜进行冷却。

（2）聚焦系统：聚焦系统由各类凸透镜、凹面镜构成，将激光光束聚焦为加工所需要的光斑直径，以提高激光功率密度，实现激光工艺参数的调整。

（3）匀光系统：理论和实验研究均表明，能量分布均匀的激光光斑有助于使工件得到深度、硬度等均匀一致的加工效果。当激光器输出为基模或低阶模高斯激光光束时，必须采用一定的光学系统克服低阶模横截面上能量不均的缺点。

匀光系统用于形成能量分布均匀的光斑，由分割叠加变换系统、积分镜系统和振镜系统等构成。

① 分割叠加变换系统：即将高斯光束平行分割为几个子系统，并沿着分割线平行及垂直两个方向分别进行放大，最后将子光束按一定的相对位置进行叠加，以获得横截面内能量分布较均匀的光斑。典型的分割叠加变换系统器件有扩束镜和 f-θ 聚焦场镜等。

② 积分镜系统:积分镜系统是用以一定规律排列的反射镜或投射镜将强度不均匀的光束进行分割,并使反射光束或透射光束在其焦点上叠加,产生积分作用而获得均匀的光斑。典型的积分镜系统器件有 f-θ 聚焦场镜等。

③ 振镜系统:振镜系统采用高频振荡的镜片,使光束沿与扫描方向垂直的方向高频振动,在加工过程中,产生一条均匀的较宽的能量分布带。

(4) 观测指示系统。

① 观测系统:用于观察实时加工情况,同时实时调整指示光的状态。

观测系统由高清 CCD、监视器和监控软件组成。激光光束照射到工件表面上,可见光被加工表面反射并通过聚焦透镜、反射镜、物镜进入 CCD 摄像机,操作者可实时观察激光加工过程,实时调整设备的工作状态,保证加工质量。

② 指示系统:指示系统就是小功率的氦氖激光器(半导体激光器),又称红光指示器,主要是便于进行光路的调整和工件的对中。

3) 导光及聚焦系统的评价指标

(1) 评价目标:激光光束从激光腔传输到加工工件时,导光及聚焦系统所产生的功率损耗最小且光斑模式没有变形。

(2) 镜片选择:激光加工设备导光及聚焦系统镜片选择必须考虑两个重要的特性。

① 光束偏振质量:激光加工设备导光及聚焦系统各镜片需要一个特定的偏振,以保持最佳加工性能。

② 光学传输效率:导光及聚焦系统的传输效率是选择镜片的另外一个重要考虑因素。光束转折系统的光学传输效率可以将所有反射镜片的反射率相乘得出。

例如,由四个反射镜片组成的系统,如果每个镜片的反射率是 99.6%,则总效率为 $(0.996)^4 \times 100\% = 98.4\%$。

3. 运动系统

1) 运动系统功能

运动系统使工件与激光光束产生相对运动,形成连续的加工图案。运动系统通常以加工机床的形式出现,可以由专业机床生产厂家配套生产或自行制造。

2) 运动系统组成

(1) 相对运动方式。

① 工件不动,激光器随工作台运动。

② 工件随工作台运动,激光器不动。

③ 激光器和工件都不动,激光光束通过反射镜等光学元件运动。

④ 组合运动:工件运动和激光光束运动组合使用。

(2) 运动方向类型。

运动系统按照能够实现的运动方向分类可以有下述几种,如图 1-23 所示。

① 两轴运动,如 X、Y 两轴运动。它可以实现二维运动,一般用于简单设备上。

② 三轴运动,如 X、Y、Z 三轴运动。实际设备上的 Z 轴运动是为了控制聚焦系统,从而调整光斑大小。

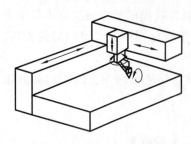

图 1-23　运动方向类型示意图

③ 四轴运动,如 X、Y、Z 三轴运动上再加上在 XY 平面 360°旋转。四轴运动在很多场合是必需的,如空间螺纹之类的激光加工,发动机气缸内壁进行激光热处理时,为了能在内壁上得到螺纹状硬化带就必须要实现四轴运动。

④ 五轴运动,如 X、Y、Z、在 XY 平面 360°旋转和 XY 平面在 Z 方向上 180°的摆动,以实现更加复杂的空间加工。

五轴以上的复杂运动一般通过机器人来实现。

4. 传感与检测系统

1)传感与检测系统功能

传感与检测系统监控并显示激光功率、光斑模式以及工件表面温度等参数。

2)传感与检测系统组成

(1)检测信号分类如下。

① 光信号:激光加工过程中等离子体和熔池光辐射变化产生光信号变化。

② 声音信号:激光加工过程中等离子体变化产生声振荡和声发射信号变化。

③ 等离子体信号:激光加工过程中等离子体变化产生的喷嘴和工件表面之间的电荷变化。

(2)传感器类型:激光加工过程中检测到的信号可以由以下传感器获取,如图 1-24 所示。

① 光信号传感器:主要有光电二极管、CCD、高速摄像机以及光谱分析仪等。

② 声学传感器:主要有声压传感器、超声波传感器以及噪声学传感器等。

③ 电荷传感器。

3)典型传感与检测系统实例

(1)激光光束能量(功率)负反馈系统:在激光加工设备中,目前普遍采用了激光光束能量(功率)负反馈系统,如图 1-25 所示。

能量(功率)负反馈系统的工作原理是利用传感器来检测不同位置激光能量的大小,将

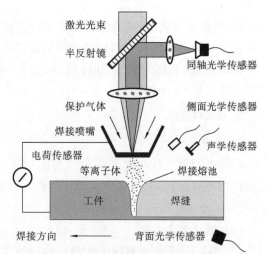

图 1-24　激光加工过程中检测信号与传感器

该信号实时反馈到控制端,与理论设定能量(功率)值进行比较,形成一个闭环控制系统,达到准确控制激光能量(功率)输出的目的。

(2)CCD 视觉捕捉系统:在激光加工设备中,目前普遍采用了 CCD 视觉捕捉系统,如图 1-26 所示的 CCD 激光焊接视觉捕捉系统。

CCD 视觉捕捉系统结构上有共轴安装和非共轴安装两种形式,既适合于光束固定式,也适合于振镜式激光加工设备,如图 1-27 所示。

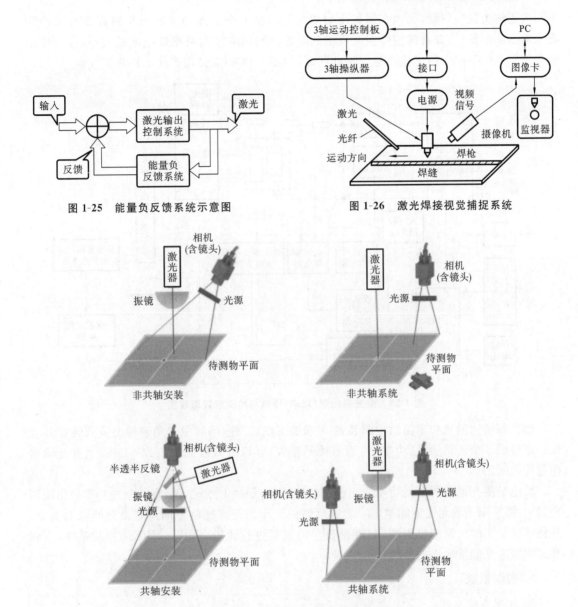

图 1-25　能量负反馈系统示意图

图 1-26　激光焊接视觉捕捉系统

图 1-27　CCD 视觉捕捉系统两种安装形式

（3）全光路能量（功率）传感与检测装置：在激光加工设备中，一般在激光器的全反镜端放置一个激光能量（功率）检测装置，将检测到的激光能量（功率）实时反馈到激光器电源控制端来控制激光器输出能量（功率）的大小，进而提高激光器输出能量（功率）的稳定性，如图 1-28 中激光功率输出检测装置 A。

这种方法的优点是控制方便，器件结构简单，缺点是激光器出光后到激光加工点（工件）之间的整个光路传输及聚焦系统，包括激光入射（耦合）单元、激光光纤及激光出射单元都不在激光输出能量（功率）的控制范围内，只能保证激光器输出能量（功率）的稳定性，无法保证激光加工点（工件）端的激光输出能量（功率）的稳定性。

为了解决这一问题,可以在激光出射单元处再加一个激光功率输出检测装置 B 来检测激光输出功率信号,并将该信号实时反馈到电源控制端来控制泵浦灯电流的大小,进而控制激光加工点(工件)上激光输出稳定性的问题,如图 1-28 中激光功率输出检测装置 B。

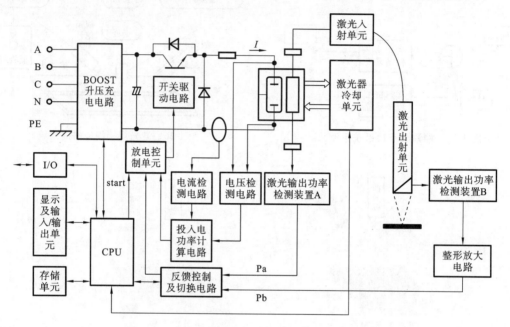

图 1-28　全光路能量(功率)传感与检测装置原理图

激光器端的激光功率输出检测装置 A 和加工点(工件)端的激光功率输出检测装置 B 合在一起组成了全光路能量(功率)传感与检测装置,可以有效控制加工点(工件)上激光输出稳定性的问题。

无论是激光器端的激光功率输出检测装置 A,还是加工点(工件)端的激光功率输出检测装置 B,都采用了激光光束能量(功率)负反馈的工作原理来检测不同位置激光能量的大小,并将该信号实时反馈到控制端,与理论设定的能量进行比较,形成一个闭环控制系统,达到准确控制激光能量输出的目的。

5. 控制系统

1)控制系统功能

激光加工设备的控制系统的主要功能是输入加工工艺参数并对参数进行实时显示、控制,还要进行加工过程中各器件动作的互锁、保护以及报警等。

2)激光加工主要工艺参数

根据激光器的类型和加工方式,不同激光加工设备的工艺参数各不相同,甚至有很大的区别,主要有以下几种:

(1)激光功率;

(2)焦点位置;

(3)加工速度;

(4)辅助气体压力。

3）工艺参数输入方式

（1）控制面板输入：较为简单的加工工艺参数输入主要通过控制面板上的操作按钮来进行，如图 1-29 所示。

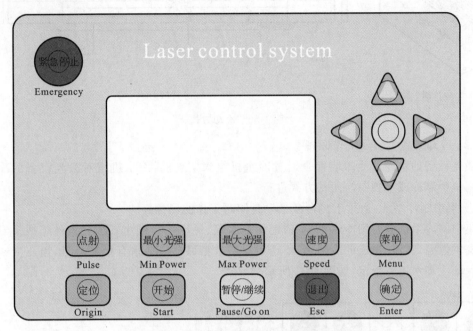

图 1-29 控制面板输入工艺参数示意图

（2）专用软件输入：较为复杂的加工工艺参数输入主要通过专用软件来实现，不同的加工设备和加工方式其软件的界面各不相同，这里不做详细介绍，读者可以参考不同加工软件说明书。

6. 冷却与辅助系统

1）冷却与辅助系统器件组成

激光加工设备的冷却与辅助系统主要包括以下几个大类的装置。

（1）冷却装置；

（2）供气装置；

（3）除烟除尘及排渣装置；

（4）保护装置。

2）激光加工设备冷却装置

（1）冷却装置概述。

激光加工设备总的电光效率是比较低的，大部分或一部分电能将转换为热能，因此，所有激光加工设备都需要冷却装置来冷却各类元器件，避免元器件因温度过高而产生热变形，导致破坏光斑模式，降低加工质量，甚至损坏元器件，造成人员伤害。

冷却装置主要有水冷和风冷两种方式，图 1-30（a）所示的是典型的风冷激光器，图 1-30（b）所示的是典型的水冷激光器。

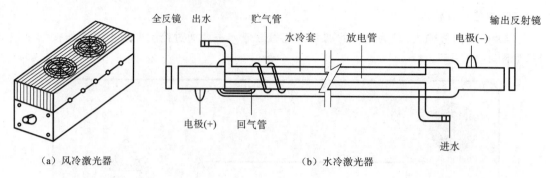

（a）风冷激光器   （b）水冷激光器

图 1-30　冷却方式

（2）冷却装置类型及工作原理。

激光设备的水冷式冷却装置是通过冷水机组来实现的,冷水机组对激光设备的冷却可以采用集中制冷或单独制冷两种方式进行。

① 集中制冷系统:适用于多台激光设备同时工作的场合。

集中制冷系统由专用冷水机、不锈钢保温水箱、恒压变频供水系统三大件组成。专用冷水机提供恒温、恒流、恒压的冷却水,不锈钢保温水箱保证冷却水有足够流量,恒压变频供水系统保证冷却水压力恒定,如图 1-31 所示。

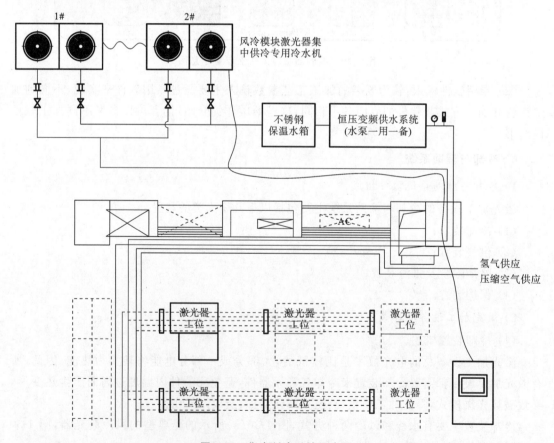

图 1-31　集中制冷系统示意图

② 单独制冷系统:适用于单台激光设备工作的场合。

③ 冷水机工作原理:无论是单独制冷系统还是集中制冷系统,其主要结构都是由冷水机组成,一般对激光设备的冷却采用二次循环冷却的方式完成。

二次循环冷却方式包含内循环冷却水通道和外循环冷却水通道,两个通道互不相通,只是通过内外循环热交换器交换热量,如图 1-32 所示。

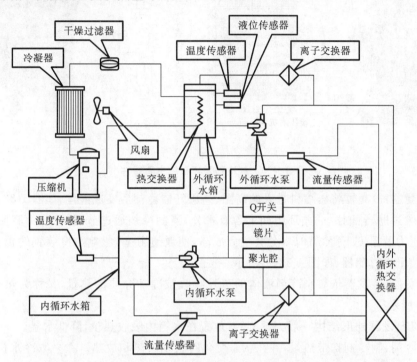

图 1-32   冷水机的二次循环冷却方式示意图

内循环冷却水通过内循环水箱、流量传感器、离子交换器、内外循环热交换器内通道和内循环水泵完成对聚光腔、镜片和 Q 开关等器件的冷却,使用中性去离子蒸馏水。

外循环冷却水通过外循环水箱、外循环水泵、流量传感器、内外循环热交换器外通道完成对内循环冷却水的冷却,此过程使用自来水。

制冷剂通过压缩机、热交换器、外循环水箱、干燥过滤器和冷凝器完成对外循环冷却水的冷却。

简单来说,冷水机的工作过程就是制冷剂冷却外循环水、外循环水冷却内循环水、内循环水冷却器件。

综上所述,冷水机内部结构由三个子系统组成,即制冷剂循环系统、冷却液循环系统和电气控制系统。制冷剂循环系统提供冷却源,冷却液循环系统冷却部件,电气控制系统保证机组按照规定的顺序动作。

冷水机工作时先向水箱注入一定量的水,通过制冷剂循环系统将水冷却,再由冷却液循环系统将符合水压要求、温度相对较低的冷却水送入需冷却的激光设备各器件,把热量带走。冷冻水将热量带走后温度升高再回流到水箱,达到器件冷却的作用。

(3)制冷剂循环系统主要器件与工作过程。

① 压缩机:压缩机吸入已经气化冷却介质并压缩成高温、高压气体排入冷凝器,如图 1-33(a)所示。正常工作时,压缩机吸气口和排气口两端铜管的温度不同,排气口(高压管)端温度在 50~60 ℃之间,吸气口(低压管)端温度在 5~6 ℃之间。

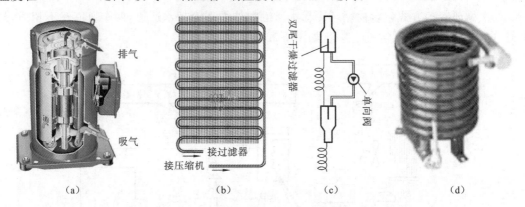

图 1-33 制冷剂循环系统主要器件

② 冷凝器:冷凝器将压缩机排入的高温、高压气体冷却后变成液体,如图 1-33(b)所示。

③ 干燥过滤器:制冷剂循环中如果含有水分,当制冷剂通过节流阀(热力膨胀阀或毛细管)时,因压力及温度下降,有时水分会凝固成冰,使通道阻塞,影响制冷装置的正常运作,所以必须安装干燥过滤器,如图 1-33(c)所示。

④ 蒸发器:蒸发器依靠制冷剂液体的蒸发吸收被冷却介质的热量,又称为热交换器,如图 1-33(d)所示。

冷水机蒸发器外形结构一般为螺旋管,放置在水箱内吸收热量,降低水温。

⑤ 制冷剂:制冷剂携带热量,并在状态变化时实现吸热和放热。大多数冷水机使用 R22 或 R12 作为制冷剂。

⑥ 制冷剂循环系统工作过程:制冷剂循环系统工作过程是蒸发器中的液态制冷剂吸收水中的热量并完全蒸发(制冷过程),变为气态后被压缩机吸入并压缩,通过冷凝器(风冷/水冷)吸收热量(散热过程)凝结成低温高压液体,再通过热力膨胀阀(或毛细管)节流后变成低温低压制冷剂进入蒸发器,完成制冷剂循环过程。

制冷剂循环系统的管路如果出现结霜,可能是制冷剂不够,应请专业人士补充并检查是否存在泄露。

(4) 冷却液循环系统主要器件与工作过程。

① 常用冷却液:激光设备冷水机常用冷却液是冷却水,特殊要求时可用乙二醇溶液、硅油等。冷却水必须使用去离子水或纯水,最好使用蒸馏水。

② 冷却水纯度指标:电导率 EC(electric conductivity)是测量水的各类杂质成分的重要指标,水越纯净,电导率越低。水的电导率以电导系数来衡量,是水在 25 ℃时的电导率。在国际单位制中,电导率的常用单位为西门子/米(S/m)、毫西/厘米(mS/cm)、微西/厘米(μS/cm)等。

普通纯水:EC=1~10 μS/cm。高纯水:EC=0.1~1.0 μS/cm。超纯水:EC=0.055~0.1 μS/cm。

在实际测量中,用电阻率(MΩ/cm)来表示溶液的电导率比较方便,电阻率是电导率的倒数。

③ 冷却水纯度检查方法:冷却水纯度是保证激光输出效率及激光器组件寿命的关键,应每周检查一次内循环水的电阻率,保证其电阻率不小于 0.5 MΩ/cm,每月更换一次内循环水,新注入纯水的电阻率必须不小于 2 MΩ/cm。

TDS(Total dissolved solids)是指水中溶解性固体总量,它表示 1 升水中溶有多少毫克溶解性固体,与水的电导率有较好的对应关系,单位为毫克/升(mg/L)。TDS 值越高,电导率越高,反之亦然。

市面上有专用的 TDS 测试笔销售,它的使用方法很简单,如图 1-34 所示。

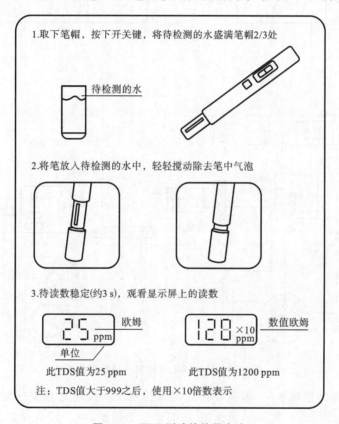

图 1-34 TDS 测试笔使用方法

冷却水纯度也可以直接使用万用表检查,方法是将万用表置于 2 MΩ 电阻挡,把两支表笔测量端的金属外露部分以 1 cm 的间隔距离,平行地插入冷却水面,此时的电阻读数至少应大于 2 MΩ。

冷却系统中如果装有离子交换树脂,一旦发现交换柱中树脂的颜色变为深褐色甚至黑色时,应立即更换树脂。

④ 冷却液循环系统工作过程:冷却液循环系统由水泵将冷却水从水箱送到用户需冷却的设备器件中,冷却水将器件热量带走后温度升高,再回到冷却水箱中制冷,循环往复。

(5) 电气控制系统主要器件与工作过程。

① 电气控制系统概述。

电气控制系统包括系统电源和控制回路两大部分,如图 1-35 所示。系统电源通过接触器对压缩机、风扇、水泵等器件供电。

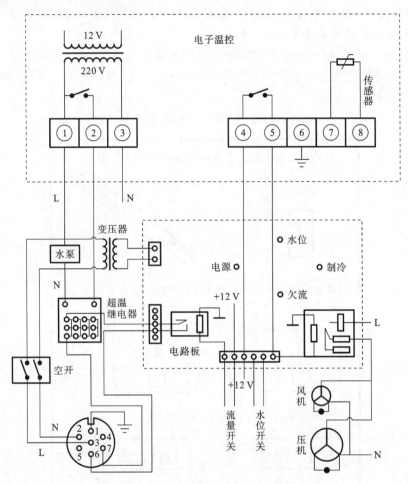

图 1-35　冷水机电气控制系统示意图

冷水机控制回路包括水位、温度、压力、流量控制回路及与之相关的延时器、继电器、过载保护器件等,一般设有电源高低压保护、压缩机过热保护、电流过载保护、三相电源缺相及相序保护、防漏电接地保护等多功能保护。

② 冷水机水位控制系统器件与工作过程。

冷水机水位控制系统器件的核心器件是水位开关,结构及工作过程如图 1-36 所示。

移动浮子由比重比水轻的塑料制造,当水位高于或等于设定值时,移动浮子上浮,开关闭合,无控制信号输出,冷水机正常工作。当水位低于设定值时,移动浮子下移,开关打开,有控制信号输出,冷水机蜂鸣器报警提示水量不足。

③ 冷水机水流控制系统器件与工作过程。

冷水机水流控制系统的核心器件是流量开关,流量开关有不可调流量开关和可调流量开关两大类型,外形如图 1-37 所示。

当管道内冷却水流量低于设定值时,移动浮子下移,不可调流量开关开启,输出控制信号控制激光器电源关闭。当管道内冷却水流量高于设定值时,移动浮子上移,流量开关闭合,输出控制信号控制激光器电源开启。

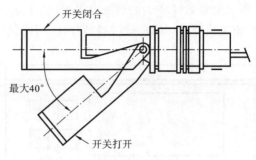

图 1-36　水位开关工作过程示意图

可调流量开关可以通过扭转调整螺丝在一定范围内设定管道内冷却水流量。如图1-37所示的流量开关,打开上盖,顺时针扭转调整螺丝可调高流量,逆时针扭转可调小流量。

④ 冷水机水温控制系统器件与工作过程。

冷水机水温控制系统的核心器件是温度控制器,温度控制器有双金属膨胀机械温度控制器和电子集成温度控制器两大类。

● 双金属膨胀机械温度控制器:双金属膨胀机械温度控制器结构如图 1-38 所示,核心零件是感温管。感温管由线膨胀系数差别较大的两种金属组成,线膨胀系数大的金属棒在中心,小的套在外面并焊在一起,外套管的另一端固定在安装位置处。

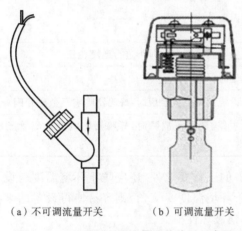

（a）不可调流量开关　（b）可调流量开关

图 1-37　不可调/可调流量开关外形示意图

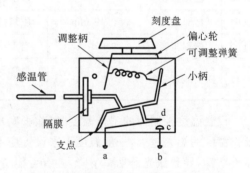

图 1-38　双金属膨胀机械温度控制器结构

当温度升高时,中心的金属棒便向外伸长,伸长长度与温度成正比,从而带动动触点 d 运动,改变 c、d 的连接状态。

点 a、b 为两个接线端口,接在冷水机制冷系统的压缩机控制电路上,c、d 分别为静、动触点,一般处于断开状态,当刻度盘调节到固定数值后,弹簧的弹力为一定值。

当冷却液循环系统的水箱内水温高于设定温度时,感温管使动触点 d 与静触点 c 闭合,压缩机电源接通,开始制冷。

当温度下降到低于设定温度时,动静触点又被分离,压缩机电源断开,制冷停止,水温基本保持恒定。

● 电子式温度控制器:某型号的电子式温度控制器前面板外观及内部端口连线如图 1-39 所示。从内部端口连线端可以得知,端口 1、2 是交流 220 V 电源输入端,用来给温度控制器供电。端口 6、7 用来连接压缩机的控制端口控制压缩机的启停。传感器端口 9、10 用来连接负温度系数(NTC)的热敏电阻器(置于水箱内),当温度低时,其电阻值较高;当温度升高时,电阻值降低,导致温度控制器内部的控制信号发生变化,达到温度控制的目的。

接线图:

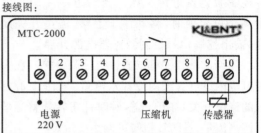

图 1-39　电子式温度控制器外形及内部连接图

电子式温度控制器有许多功能设置,主要有设置参数模式、查看参数、探头故障报警、超温报警、开机延时保护和温度校正等,如表 1-1 所示,具体内容请参看说明书。

表 1-1　电子式温度控制器常见功能设置

显示	功能	设定范围	功能说明
F01	温度上限	−39~+50 ℃	控制器设置温度范围
F02	温度下限	−40~+49 ℃	
F03	温度校正	±5 ℃	显示温度与实际温度有偏差时可进行温度校正
F04	延时时间	0~9 min	压缩机开机延时保护
F05	超温报警	0~20 ℃	当水温超出设定的超温报警值时,蜂鸣器鸣响且数码管闪烁
444	探头故障报警		当探头出现短路、断路等故障时,蜂鸣器鸣响且数码管显示"444"并闪烁

设置温度控制器的工作温度时,除了满足设备的工作要求外,还应防止环境温度与设备工作温度的温差过大,一般温度下限设置应不低于环境温度 5 ℃,否则容易使得设备的某些器件结露,导致激光器功率下降,并有可能带来其他破坏性损失。

例如,如果环境温度为 33 ℃,则下限温度设置就不宜低于 28 ℃。

3) 激光加工设备供气装置

(1) 供气装置概述。

激光加工设备供气装置有两个功能:第一个功能是为激光加工工艺提供辅助气体,如提供清洁干燥的压缩空气和高纯氧气来助燃,提供高纯氮气和氩气进行工件保护等;第二个功能是为激光加工设备提供辅助气体,如提供清洁干燥的压缩空气来驱动夹具的气缸,使用气体进行光路的正压除尘等。

(2) 供气方式。

供气装置有集中供气和独立供气两种供气方式。

① 集中供气系统(central gas supply system):在激光打标、切割、焊接等加工设备集中的地方,常常建有集中供气系统。

集中供气系统将激光加工中需要的氧气、氩气、氮气等辅助气体送到各个激光设备,具有保持气体纯度、不间断供应、压力稳定、经济性高、操作简单安全的优点。

集中供气系统如图 1-40 所示。

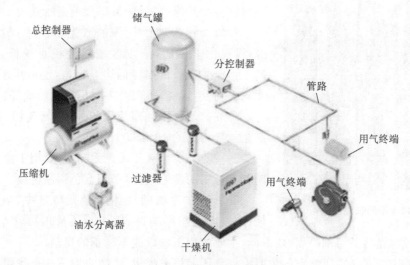

图 1-40 集中供气系统

② 独立供气系统:独立供气系统由气源(一般是液化气钢瓶)直接向设备供气,如图 1-41 所示。值得注意的是,不同气源的钢瓶有不同的颜色,如图 1-42 所示。

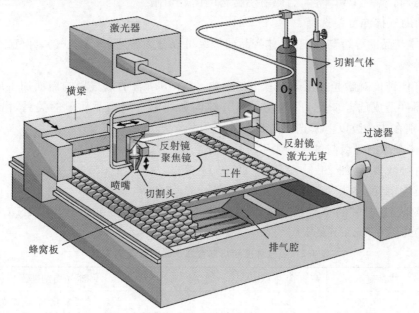

图 1-41 独立供气系统

(3) 激光加工中的主要辅助气体。

① 氩气(Ar):氩气是一种惰性气体,主要用于在激光焊接与切割铝、镁、铜及其合金和不锈钢时的保护气体,防止工件被氧化或氮化,用浅蓝色气瓶存放。

氩气对人体无直接危害,但在高浓度时有窒息作用,液氩触及皮肤可引起冻伤,液态氩

图 1-42　不同气源的钢瓶

溅入眼内可引起炎症。

② 氮气（N_2）：氮气无色无味，主要用于激光焊接、切割和打标中的保护气体，采用黑色钢瓶盛放。

在氮气作为辅助气体的激光切割中，氮气吹出切缝，没有化学反应，熔点区域温度相对较低，切割质量高，适合加工铝、黄铜等低熔点材料，也可用于不锈钢的无氧化切割，还能用来加工木材、有机玻璃等特殊材料。

高纯氮的价格是高纯氧的 3 倍，氮气切割的综合成本是氧气切割的 15 倍以上。

③ 氧气（O_2）：氧气无色无味，主要用于激光焊接、切割和打标中的助燃气体，采用蓝色钢瓶盛放。

在氧气作为辅助气体的激光切割中，氧气参与燃烧，高温增大热影响区，使切割质量相对较差。但氧气燃烧增加热量，提高了切割厚度，成本低，主要应用于碳钢或不锈钢的切割。

④ 压缩空气（CA）：压缩空气主要由空气压缩机来提供，主要有以下几个作用。第一，用来驱动夹具气缸移动到指定位置，完成工件装夹过程。第二，使光路系统在工作过程中始终保持正气压，避免灰尘进入污染镜片，延长镜片寿命。第三，可以用来去除烟尘、清理工件。第四，用来进行模板、PVC 等非金属易燃材料的助燃切割。

（4）辅助气体纯度与选择。

① 气体产品的等级与纯度：气体产品的等级可以分为普通气（工业气）、纯气、高纯气、超纯气四个等级。

辅助气体纯度对激光加工质量有很大影响，气体中所含的氧气影响断面加工质量，水分会对激光器件造成危害。表 1-2 说明了氮气纯度和切割金属产品质量的关系，由表可以看出，气体级别在 4.5 级以上激光切割断面质量良好。

② 气体产品的等级与纯度的表示方法如下：

● 用百分数表示，如 99％、99.5％、99.99％ 等。

● 用英文"9"的字头"N"表示，如 3N、4N、4.8N、5N 等。

"N"的数目与"9"的个数相对应，小数点后的数表示不足"9"的数，如 4N（99.99％）、4.8N（99.998％）等，5.0 最大。

表 1-2　氮气纯度和切割金属产品时质量的关系

气体等级	气体纯度/（％）	氧气含量×10^{-6}	水含量×10^{-6}	激光切割断面质量
2.8	99.8	500	20	无氧化，表面微黄
3.5	99.95	100	10	无氧化，没有光泽
4.5	99.995	10	5	无氧化，断面光亮
5.0	99.9999	3	5	安全无氧化，断面有光泽

4）激光加工设备除烟除尘装置

激光加工设备利用专业烟雾净化器来解决激光加工过程中产生的粉尘和有害气体对环

境、设备和产品的污染。

（1）激光烟雾净化器组成。

激光烟雾净化器主要由烟雾过滤系统和参数控制系统组成。

（2）烟雾过滤系统主要器件与工作过程。

① 烟雾过滤系统：烟雾过滤系统采用下进风上排风设计，由进气口、多层过滤器、风琴式预过滤器、主过滤器、排气口等器件组成，烟雾通过进气口—预过滤器—主过滤器—排气口排出，如图 1-43 所示。

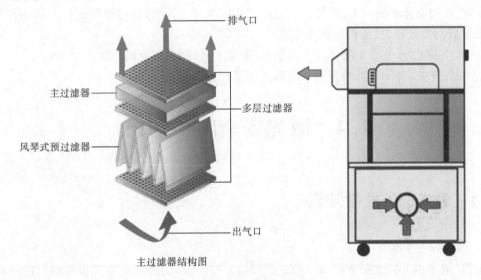

图 1-43　烟雾过滤系统组成

从物理原理分析，烟雾过滤系统由预过滤层、HEPA 高效过滤层、除味过滤层 3 级过滤组成。

② 风琴式预过滤器：预过滤器是风琴式预过滤袋，展开面积可达垫式过滤面积的 20 倍，大颗粒粉尘在重力作用下沉降在过滤袋中，避免主过滤器过早堵塞，延长滤芯使用寿命。

③ 主过滤器：预过滤后小颗粒粉尘随气流进入主过滤器，主过滤器由 HEPA 高效过滤芯（high efficiency particulate air filter）和化学滤芯组成，空气可以通过，直径 $0.3\ \mu m$ 以上的细小微粒无法通过，过滤效率可达 99.997%，再通过化学滤芯去除气体中的有害元素，达到环保排放的要求。

主过滤器一般采用抽屉式安装结构，方便更换。

（3）参数控制系统主要器件与工作过程。

激光烟雾净化器的参数控制系统主要由风机压力闭环控制系统、滤芯堵塞声光报警装置、粉尘及有害气体传感器等器件组成。

风机压力闭环控制系统通过压力传感器反馈风压信号，实现对风量的精确调节。当滤芯堵塞时，滤芯堵塞声光报警装置指示灯亮并伴有报警声，提示更换滤芯。粉尘及有害气体传感器可以自动检测净化后气体，防止有害气体危害人体健康。

5）激光加工设备防护装置

整体、全面、有效的防护装置是衡量激光加工设备功能完备性的重要标志。

（1）激光器系统辐射安全防护装置：为了避免直接激光辐射，大多数固体激光器采用全封闭式设计。激光器出光接口必须做密封设计,如各种光纤传导接口必须制定统一接口标准,激光器和激光头无缝对接,避免对外辐射。

(2)导光系统辐射安全防护装置:导光系统激光辐射主要来自于激光头和加工工件之间的反射。机床类激光设备主要采用防护罩和专业防护玻璃来减少辐射,防护罩通常采用不透光的钣金材料,阻断激光辐射对操作者可能带来的辐射伤害甚至是机械撞击。

防护玻璃常安装在防护罩的观察窗口位置,便于操作员观察机床运行情况。

(3)加工设备总体安全设计装置:加工设备总体安全设计装置实现对激光的多重控制。

① 挡板和安全联锁开关:激光设备需要安全联锁开关,确保只有用钥匙打开联锁开关后才能触发启动激光器,拔出钥匙就不能启动。

② 总开关:总开关必须配可取下的钥匙,并由专人保管,必要时可以设置密码。

③ 遥控开关:对于4类激光产品可以采用遥控操作。

1.4　激光安全防护知识

1.4.1　激光加工危险知识

1. 激光加工危险分类

根据《激光加工机械安全要求》(GB/T 18490—2001),使用激光加工设备时可能导致两大类危险:第一类是设备固有的危险;第二类是外部影响(干扰)造成的危险。危险是引起人身伤害或设备损坏的原因。

1)设备固有危险

激光加工设备固有危险一共有8个大类。

(1)机械危险:机械危险包括激光加工设备运动部件、机械手或机器人运动过程中产生的危险,主要包含以下几个方面。

① 设备及其运动部件的尖棱、尖角、锐边等的刺伤和割伤危险。

② 设备及其运动部件倾覆、滑落、冲撞、坠落或抛射危险。

例如,激光加工设备上的机械手可能会把防护罩打穿一个孔,可能损坏激光器或激光传输系统,还可能会使激光光束指向操作人员、周围围墙和观察窗孔。

(2)电气危险:激光加工设备总体而言属于高电压、大电流的设备,电气危险首先可能是高电压、大电流对操作人员的伤害和对设备造成的损坏,其次是在极高电压下无屏蔽元件产生的臭氧或X射线,它们都会直接造成触电等人身亡事故。

(3)噪声危险:使用激光加工设备时常见的噪声源有吸烟雾用的除尘设备运转喧叫声、抽真空泵的马达噪声、冷却水用的水泵马达噪声、散热用的风扇转动噪声等。

在无适当防护的情况下,当噪声总强度超过90 dB时可引起头痛、耳鸣、心律不齐和血压升高等后果,甚至可致噪声性耳聋。

激光加工设备整机噪声声压级不应超过75 dB(A)。声压级测量方法应符合GB/T

16769—2008 的规定。

（4）热危险：在使用激光加工设备时可能导致火灾、爆炸、灼伤等热危险，热危险可分为人员烫伤危险和场地火灾危险两大类。

激光加工设备爆炸源主要有泵浦灯、大功率玻璃管激光器、电解电容等。

由热危险导致烧穿激光加工设备的冷却系统和工作气体管路以及传感器的导线，可能造成元器件损毁或机械危险产生。

激光光束意外地照射到易燃物质上也可能导致火灾。

（5）振动危险。

（6）辐射危险的分类和后果如下。

① 辐射危险种类：辐射危险与热危险密不可分，它可以分为三类。

● 直射或反射的激光光束及离子辐射导致的危险。

● 泵浦灯、放电管或射频源发出的伴随辐射（紫外、微波等）导致的危险。

● 激光光束作用使工件发出二次辐射（其波长可能不同于原激光光束的波长）导致的危险。

② 辐射危险后果：辐射危险会引起聚合物降解和有毒烟雾气体，尤其是臭氧的产生，会造成可燃性物料的火灾或爆炸，会对人形成强烈的紫外光、可见光辐射等。

（7）设备与加工材料导致的危险的分类及副产物。

① 危险种类：设备与加工材料导致的危险的分类及副产物。

● 激光设备使用的制品（如激光气体、激光染料、激活气体、溶媒等）导致的危险。

● 激光光束与物料相互作用（如烟、颗粒、蒸气、碎块等）导致的火灾或爆炸危险。

● 促进激光光束与物料作用的气体及其产生的烟雾导致的危险，包括中毒和氧缺乏危险。

② 各类激光加工时常见的副产物与危险。

● 陶瓷加工：铝（Al）、镁（Mg）、钙（Ca）、硅（Si）、铍（Be）的氧化物，其中氧化铍（BeO）有剧毒。

● 硅片加工：浮在空气中的硅（Si）及氧化硅的碎屑可能引起硅肺病。

● 金属加工：锰（Mn）、铬（Cr）、镍（Ni）、钴（Co）、铝（Al）、锌（Zn）、铜（Cu）、铍（Be）、铅（Pb）、锑（Sb）等金属及其化合物对人体是有影响的。

其中 Cr、Mn、Co、Ni 对人体致癌，Zn、Cu 金属烟雾引起发烧和过敏反应，金属 Be 引起肺纤维化。

在大气中切割合金或金属时会产生较多重金属烟雾。

金属焊接与金属切割相比，产生的重金属烟雾量较低。

金属表面改性一般不会发生，但有时也会产生重金属烟雾。

低温焊接与钎焊可能会产生少量的重金属蒸气、焊剂蒸气及其副产物。

● 塑料加工：切割加工、温度较低时产生脂肪族烃，而温度较高时则会使芳香族烃（如苯、PAH）和多卤多环类烃（如二氧芑、呋喃）增加。其中聚氨酯材料会产生异氰酸盐、PMMA 会产生丙烯酸盐，PVC 材料会产生氧化氢。

氰化物、CO、苯的衍生物是有毒气体，异氰酸盐、丙烯酸盐是过敏源和刺激物，甲苯、丙烯醛、胺类刺激呼吸道，苯及某些 PAH 物质会致癌。

在切割纸和木材时会产生纤维素、酯类、酸类、乙醇、苯等副产物。

(8) 设备设计时忽略人类工效学原则而导致的危险。

① 误操作危险。

② 控制状态设置不当。

③ 不适当的工作面照明。

2) 设备外部影响(干扰)造成的危险

设备外部影响(干扰)造成的危险是指激光加工设备外部环境变化后所造成的设备状态参数变化而导致的危险状态,也可以分为以下 8 类。

(1) 温度变化。

(2) 湿度变化。

(3) 外来冲击和振动。

(4) 周围的蒸气、灰尘或其他气体干扰。

(5) 周围的电磁干扰及射电频率干扰。

(6) 断电和电压起伏。

(7) 由于安全措施错误或不正确定位产生的危险。

(8) 由于电源故障、机械零件损坏等产生的危险。

上述两大类共计 16 小类危险程度在不同材料和不同加工方式中的影响程度是不同的,表 1-3 列出了用 CO_2 激光器切割有机玻璃时可能产生危险程度分类。读者可以根据上述方法分析激光焊接、激光打标时可能遇到的主要危险,在激光设备和制定加工工艺时应该采取措施来防范以上这些危险。

表 1-3　CO_2 激光器切割有机玻璃时可能产生危险程度

危险	程度	危险	程度	危险	程度
机械危险	程度一般	辐射产生的危险	程度严重	湿度产生的危险	程度一般
电气危险	程度一般	材料产生的危险	程度严重	外来冲击/振动产生的危险	程度一般
噪声危险	基本没有	设计时产生的危险	程度一般	周围的蒸气、灰尘或其他气体产生的危险	程度一般
热危险	程度严重	温度产生的危险	程度一般	电磁干扰/射电频率干扰产生的危险	程度一般
断电/电压起伏	基本没有	安全措施错误产生的危险	程度一般	失效、零件损坏等产生的危险	程度一般

2. 激光辐射危险分级

激光辐射危险是激光加工时的特有和主要危险,必须重点关注。

评价激光辐射的危险程度是以激光光束对眼睛的最大可能的影响(maximal possible effect,MPE)做标准,即根据激光的输出能量和对眼睛损伤的程度把激光分为 4 类,再根据不同等级分类制定相应的安全防护措施。

国标 GB/T 18490—2001 规定了激光加工设备辐射的危险程度,与国际电工委员会(IEC)的标准(IEC60825)、美国国家标准(ANSIZ136)或其他相关的激光安全标准相同。

根据国际电工技术委员会 IEC60825.1:2001 制定的标准,激光产品可分为下列几类,如表 1-4 所示。

表 1-4   激光辐射危险分级

激光辐射危险分级		输出激光功率	波长范围
1 类	普通 1 级激光产品	小于 0.4 mW	400～700 nm
	1M 级激光产品		
2 类	普通 2 级激光产品	0.4～1 mW	400～700 nm
	2M 级激光产品		
3 类	3A 级激光产品	1～5 mW	302.5～1064 nm
	3B 级激光产品	5～500 mW	
4	4 类激光产品	500 mW 以上	302.5 nm 至红外光

(1) 1 类激光产品:1 类激光产品的波长范围为 400～700 nm,输出激光功率小于 0.4 mW,又可以分为普通 1 级和 1M 级激光产品两类。

普通 1 级激光产品不论何种条件下对眼睛和皮肤的影响都不会超过 MPE 值,即使在光学系统聚焦后也可以利用视光仪器直视激光光束,在保证设计上的安全后不必特别管理,又可称无害免控激光产品。

1M 级激光产品在合理可预见的情况下操作是安全的,但若利用视光仪器直视光束,便可能会造成危害。典型的 1 类激光产品有激光教鞭、CD 播放设备、CD-ROM 设备、地质勘探设备和实验室分析仪器等,如图 1-44 所示。

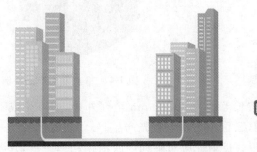

图 1-44   1 类激光产品举例

(2) 2 类激光产品:2 类激光产品激光的波长范围为 400～700 nm,能发射可见光,设备激光功率输出在 0.4～1 mW,又可称为低功率激光产品。2 类激光产品也可以分为普通 2 级和 2M 级激光产品两类。人闭合眼睛的反应时间约为 0.25 s,普通 2 级激光产品可通过眼睛对光的回避反应(眨眼)提供足够保护,如图 1-45 所示。

图 1-45   普通 2 级激光产品举例

2M 级激光产品的可视激光会导致晕眩,用眼睛偶尔看一下不至造成眼损伤,但不要直接在光束内观察激光,也不要用激光直接照射眼睛,避免用远望设备观察激光。

典型应用如课堂演示、激光教鞭、瞄准设备和测距仪等,如图 1-46 所示。

(3)3 类激光产品:3 类激光产品激光的波长范围为 302.5～1064 nm,为可见或不可见的连续激光,输出激光功率为 1～500 mW 之间,又可称中功率激光产品。3 类激光产品分为 3A 级和 3B 级产品。

3A 级产品为可见光的连续激光,输出为 1～5 mW 的激光光束,光束的能量密度不超过 25 W/mm²,要避免用远望设备观察 3A 级激光。3A 级激光产品的典型应用和 2 级激光产品有很多相同之处,这类产品的发射极限不得超过波长范围为 400～700 nm 的 2 类产品的 5 倍,在其他波长范围内亦不许超过 1 类产品的 5 倍。

3B 级产品输出为 5～500 mW 的连续激光,直视激光光束会造成眼损伤,但将激光改变成非聚焦、漫反射时一般无危险,对皮肤无热损伤。3B 级激光的典型应用有半导体激光治疗仪、光谱测定和娱乐灯光表演等,如图 1-47 所示。

图 1-46　2M 级激光产品举例

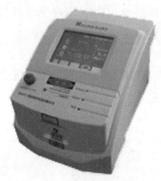

图 1-47　3 类激光产品举例

(4)4 类激光产品:4 类激光产品波长范围为 302.5 nm 至红外光,为可见或不可见的连续激光,输出的激光功率大于 500 mW,又可称大功率激光产品。

4 类激光产品不但其直射光束及镜式反射光束对眼和皮肤损伤相当严重,其漫反射光也可能给眼造成损伤,并可灼伤皮肤及酿成火警,扩散反射也有危险。

大多数激光加工设备,如激光热处理机、激光切割机、激光雕刻机、激光标记机、激光焊接机、激光打孔机和激光划线机等均为典型的 4 类激光产品。激光外科手术设备和显微激光加工设备等也属于 4 类激光产品,如图 1-48 所示。

1.4.2　激光加工危险防护

1. 激光辐射伤害防护

1)激光辐射伤害防护主要措施

(1)操作人员应具备辐射防护知识,配戴与激光波长相适应的防护眼镜,如图 1-49 所示。

(2)激光加工设备应具备完善的激光辐射防护装置。

(3)激光加工场地应具备完善的激光防护装置和措施。

图 1-48　4 类激光产品举例

图 1-49　激光防护眼镜

2) 激光防护眼镜类型与选用

激光防护眼镜可全方位防护特定波段的激光和强光,防止激光对眼的伤害。其光学安全性能应该完全满足《激光防护镜生理卫生防护要求》(GJB 1762—93)及《RoHS 标准》。

(1) 激光防护眼镜类型有以下几种。

① 吸收型激光防护眼镜:吸收型防护眼镜在基底材料 PMMA 或 P. C 中添加特种波长的吸收剂,能吸收一种或几种特定波长的激光,又允许其他波长的光通过,从而实现激光辐射防护。

吸收型防护眼镜只能防护可见光和近红外光谱中极小的一部分,其优点是抗激光冲击能力优良,对激光衰减率较高,表面不怕磨损,即使有擦划,也不影响激光的安全防护,缺点是由于吸收激光能量容易导致本身破坏,同时它的可见光透过率不高,影响观察。

② 反射型激光防护眼镜:反射型激光防护眼镜是在基底上镀多层介质膜,有选择地反射特定波长的激光,而让在可见光区内的其他邻近波长的激光大部分通过。

市面上能够买到的防护眼镜大部分是反射型激光防护眼镜。由于是反射激光,它比吸收型防护眼镜能够承受更强的激光,可见光透过率高,同时激光的衰减率也较高,光反应时间快小于 10^{-9} s;缺点是多层涂膜对激光反射的效果随激光入射角的变化而变化,如果对激光防护要求很高,需要的涂层就会较厚,这对玻璃透光性影响很大。另外,镀的介质层越厚越容易脱落,且脱落之后不易肉眼观察,这是非常危险的。

③ 复合型激光防护眼镜:复合型激光防护眼镜是在吸收式防护材料表面上再镀上反射膜,既能吸收某一波长的激光,又能利用反射膜反射特定波长的激光,兼有吸收式和反射式

两种激光防护眼镜的优点,但可见光透过率相对于反射式材料有很大程度的下降。

④ 新型激光防护材料:新型激光防护材料基于非线性光学原理,主要利用非线性吸收、非线性折射、非线性散射和非线性反射等非线性光学效应来制造激光防护眼镜。

例如,碳—碳高分子聚合物(C_{60})制成的激光防护眼镜,可使透光率随入射光强的增加而降低。又如,全息激光防护面罩是采用全息摄影方法在基片上制作光栅,对特定波长的激光产生极强的一级衍射,是一种新型防护装备。

(2) 激光防护眼镜选用的原则及指标。

① 激光防护眼镜的选择原则:选择防护眼镜时,首先根据所用激光器的最大输出功率(或能量)、光束直径、脉冲时间等参数确定激光输出最大辐照度或最大辐照量。而后,按相应波长和照射时间的最大允许辐照量(眼照射限值)确定眼镜所需最小光密度值,并据此选取合适防护眼镜。

② 选择激光防护眼镜的几个指标如下。

● 最大辐照量 H_{max}(J/m^2)或最大辐照度 E_{max}(W/m^2);

● 特定的激光防护波长;

● 在相应防护波长的所需最小光密度值 OD_{min}。

光密度(optical density,OD),是一个没有量纲的对数值,表示某种材料入射光与透射光比值的对数或者说是光线透过率倒数的对数。计算公式为 $OD = lg$(入射光/透射光)或 $OD = lg(1/$透光率);它有 $0, 1, \cdots, 7$ 个等级,对应的光透过率(或衰减系数)如表 1-5 所示。OD 数值越大,激光防护眼镜的防护能力越强。

表 1-5 光密度、光透过率和衰减系数之间的关系

光 密 度	光透过率/(%)	衰 减 系 数
0	100	1
1	10	10
2	1	100
3	0.1	1000
4	0.01	10000
5	0.001	100000
6	0.0001	1000000
7	0.00001	10000000

● 镜片的非均匀性、非对称性、入射光角度效应等。

● 抗激光辐射能力。

● 可见光透过率 VLT(visible light transmittance):激光防护眼镜的 VLT 数值低于 20%,所以激光防护眼镜需要在良好照明的环境中使用,保证操作人员在佩戴激光防护眼镜后视觉良好。

● 结构外形和价格。包括是否佩戴近视眼镜、人员的面部轮廓。

③ 激光防护眼镜实例,如图 1-50 所示。

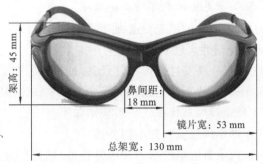

【产品名称】：激光防护眼镜
【产品型号】：SK-G16
【防护波长】：1064 nm
【光密度OD】：6+
【可见光透过率】：85%
【防护特点】：反射式全方位防护
【适合激光器】：四倍频Nd:YAG激光器、准分子激光器、He-Cd激光器、YAG激光器、半导体激光器

架高：45 mm
鼻间距：18 mm
镜片宽：53 mm
总架宽：130 mm

图 1-50　激光防护眼镜实例

3）激光加工设备上的激光辐射防护装置

（1）设备启动/停开关：激光加工设备启动/停开关应该能使设备停止（致动装置断电），同时，或者隔离激光光束，或者不再产生激光光束。

（2）急停开关：急停开关应该能同时使激光光束不再产生并自动把激光光闸放在适当的位置，使加工设备断电，切断激光电源并释放储存的所有能量。

如果几台加工设备共用一台激光器且各加工设备的工作彼此独立无关，则安装在任意一台设备上的紧急终止开关都可以执行上述要求，或者使有关的加工设备停止（致动装置断电），同时切断通向该加工设备的激光光束。

（3）隔离激光光束的措施：通过截断激光光束和/或使激光光束偏离实现激光光束的隔离。实现光束隔离的主要器件有激光光束挡块（光闸）。

（4）激光加工场地激光防护装置和措施。

① 防护要求：在操作激光设备时，排除人员受到1类以上激光辐射照射。在设备维护维修时，排除人员受到3A级以上激光辐射照射。

② 防护措施：当激光辐射超过1类时，应该用防护装置阻止无关人员进入加工区。

用户的操作说明中应该说明要采用的防护类型是局部保护还是外围保护。

局部保护是使激光辐射以及有关的光辐射减小到安全量值的一种防护方法，例如，固定在工件上光束焦点附近的套管或小块挡板。

外围保护是通过远距离挡板（如保护性围栏）把工件、工件支架以及加工设备，尤其是运动系统封闭起来，使激光辐射以及有关的光辐射减小到安全量值的防护方法。

2. 非激光辐射伤害防护

激光加工时的非激光伤害主要有触电危害、有毒气体危害、噪声危害、爆炸危害、火灾危害、机械危害等。

1）触电伤害防护措施

（1）培训工作人员掌握安全用电知识。

（2）严格要求激光设备的表壳接地良好，并定期检查整个接地系统是否真正接地。

（3）不准使用超容量保险丝和超容量保护电路断开器。

（4）检修仪器时注意首先用泄漏电阻给电容器放电。

（5）经常保持环境干燥。

2）防备有毒气体危害的安全措施

（1）激光设备的出光处必须配备有足够初速度的吸气装置，能将加工有害烟雾及时吸掉、抽走并经活性炭过滤后排到室外。

（2）工作室要安排通风排气设备，抽走弥散在工作室内的残余有毒气体。

（3）平时保持工作室通风和干燥，加工场所应具备通风换气条件。

（4）场地排烟系统设计一般规则如下。

① 排烟系统应安装在车间外部。

② 抽风设备应以严密的排风管连接，风管的安装路径愈平顺愈好。

③ 为避免振动，尽量不要使用硬质排风管连至激光加工设备。

3）防备噪声危害的安全措施

（1）采购低噪声的吸气设备。

（2）用隔音材料封闭噪声源。

（3）工作室四壁配置吸声材料。

（4）噪声源远离工作室。

（5）使用隔音耳塞。

4）防备爆炸危害的安全措施

（1）将电弧灯、激光靶、激光管和光具组元件封包起来，且具有足够的机械强度。

（2）正在连续使用中的玻璃激光管的冷却水不能时通时断。

（3）经常检查电解电容器，如果有变形或漏油，则应及时更换。

5）防备火灾危害的安全措施

（1）安装激光设备（尤其是大电流离子激光设备）时，应考虑外电路负载和闸刀负载是否有足够容量。

（2）电路中应接入过载自动断开保护装置。

（3）易燃、易爆物品不应置于激光设备附近。

（4）在室内适当地方备有沙箱、灭火器等救火设施。

6）防备机械危害的安全措施

（1）设备部位不得有尖棱、尖角、锐边等缺陷，以免引起刺伤和割伤危险。

（2）在预定工作条件下，设备及其部件不应出现意外倾覆。

（3）激光系统、光束传输部件应有防护措施并牢固定位，防止造成冲击和振动。

（4）设备的往复运动部件应采取可靠的限位措施。

（5）各运动轴应设置可靠的电气、机械双重限位装置，防止造成滑落的危险。

（6）联锁的防护装置打开时，设备应停止工作或不能启动，并应确保在防护装置关闭前不能启动。例如，成形室的门打开时，设备不能加工，以防止运动部件高速运行时造成冲撞的危险。

（7）在危险性较大的部位应考虑采用多重不同的安全防护装置，并有可靠的失效保护机制。如高温保护措施，光束终止衰减器、挡板、自动停机机构等光机电多重保护装置。

2

激光打标机主要参数测量方法与技能训练

2.1 激光打标与激光打标机概述

2.1.1 激光打标概述

1. 激光打标原理

激光打标是以激光光束照射被加工工件,使工件表面瞬间发生气化、熔化、相变等物理或化学的变化,从而在工件表面留下文字、图案刻痕的标记方式。

激光打标图案的形成原理可以分为三类。

1)通过物质移动来形成打标图案

(1)原理:用峰值功率相对高的激光照射工件,加热材料至气化或熔化(金属或非金属材料)从而切除工件上的部分物质,产品有痕迹感和雕刻效果,如图 2-1(a)所示。

(2)典型产品:齿轮、连杆等金属零件的深雕加工,陶瓷、塑料等非金属零件雕刻加工。

2)通过材料表面色彩变化来形成打标图案

(1)原理:用峰值功率相对低的激光照射工件,加热材料至相变(金属材料)或变性(非金属材料)温度从而改变工件材料表面颜色,如图 2-1(b)所示。

(2)典型产品:不锈钢等金属材料的彩色打标,塑料等非金属材料的打黑。

3)通过材料层次移动来形成打标图案

(1)原理:通过移动在多层材料中的某一层或几层材料,从而显示底层材料的颜色,形成颜色对比度,如图 2-1(c)所示。

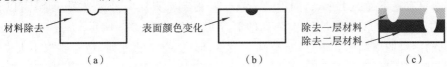

图 2-1 激光打标的物理作用原理示意图

（2）典型产品：多层商标标签的激光标记。

2. 激光打标的主要方式

激光打标按形成标记图案方式可分为三类：掩模式打标、阵列式打标和扫描式打标。

图 2-2 掩模式 CO_2 激光打标机光路系统
外形图

1）掩模式打标（投影式打标）

（1）掩模式打标机典型结构：图 2-2 是掩模式 CO_2 激光打标机的光路系统外形图，光路系统内部器件由激光器、掩模板和成像透镜等主要器件组成，如图 2-3 所示。

（2）掩模式打标机工作原理：打标内容雕刻在掩模板上，激光器发出的脉冲激光经过扩束后均匀地投射在掩模上，部分激光从掩模的雕空部分透射，掩模板上的图形通过透镜聚焦后成像到工件表面，受激光辐射的工件材料表面形成可分辨的清晰标记，通常每个脉冲激光形成一个标记。

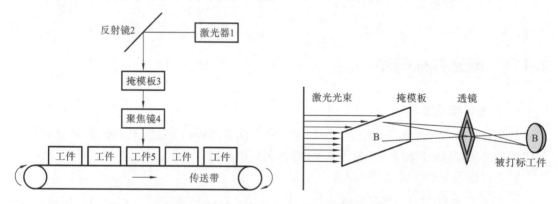

图 2-3 掩模式打标机光路系统内部结构示意图

激光标记内容的变换是通过更换掩模板实现的。

掩模式打标常用脉冲 CO_2 激光器和脉冲固体 YAG 激光器。

2）阵列式打标

（1）阵列式打标机典型结构：阵列式打标机光路系统由工控机、激光电源、7 个阵列射频 CO_2 激光器、光学耦合系统和聚焦透镜组成，激光光束投射到在线运动的工件上，如图 2-4 所示。

（2）阵列式打标机工作原理：1～7 号射频 CO_2 激光器竖向排列，在 t_1 时刻，若工控机控制激光电源同时开启，1～7 号激光器阵列将同时发射 7 个脉冲激光，在工件表面上烧蚀出 7 个凹坑，构成了竖笔画 7 个点，形同"1"字。在 t_2 时刻，若工控机控制激光电源只让 7 号激光器开启，则只有最下面的 1 个点，同理，在 t_3、t_4、t_5 时刻都只让 7 号激光器开启，可以看出，在 t_1～t_5 的时间范围内形成一个 7×5 阵列的 L 字母图案，如图 2-5 所示。

常见的字符的横笔画 5 个点，竖笔画 7 个点，形成 5×7 的阵列，精度要求不太高时 5×5 的阵列也可。

阵列式打标速度最高可达 6000 字符/秒，因而成为高速在线打标的理想选择，其缺点是

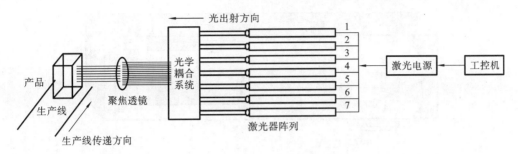

图 2-4 阵列式打标机典型结构

只能标记点阵字符,且只能达到 5×7 的分辨率,对于汉字打标精度不够。

3）扫描式打标

（1）扫描式打标机工作原理:扫描式打标机是将需要打标的图案输入工控机,工控机控制激光器开启和扫描机构运动,使激光在被加工材料表面上扫描形成打标图案。

（2）扫描式打标机典型结构:扫描式打标机有机械式和振镜式两种结构。

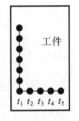

图 2-5 阵列式打标机
工作原理

① 机械式扫描:机械扫描式打标机的光路系统主要由激光器、反射镜1、反射镜2和聚焦透镜3构成,如图 2-6 所示。

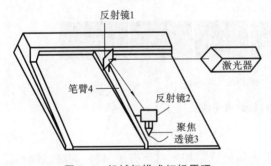

图 2-6 机械扫描式打标原理

机械式扫描通过机械运动方法对反射镜进行 X-Y 坐标的平移,从而改变激光光束到达工件的位置,激光光束经过反射镜 1、2实现光路转折后,再经过聚焦透镜 3 作用到被加工工件上。其中笔臂 4 带着反射镜 1和 2 沿 X 轴方向来回运动;聚焦透镜 3 连同反射镜 2（两者固定在一起）沿 Y 轴方向运动。

在工控机并口输出控制信号的控制下,Y方向上的运动与 X 方向上的运动合成使输出激光到达平面内任意点,标刻出任意图形和文字。

② 振镜式扫描:振镜扫描式打标机的光路系统主要由激光器 1、X-Y 振镜 2、平场聚焦透镜 3 构成,如图 2-7 所示。

激光器 1 发出的激光光束入射到 X-Y 振镜 2 上,X-Y 振镜 2 分别沿 X、Y 轴扫描,用工控机控制反射镜的反射角度,从而控制激光光束的偏转,经平场聚焦透镜 3 聚焦后,使具有一定功率密度的激光聚焦点在打标材料上按所需的要求运动,从而在材料表面上留下标记图案。

振镜扫描式打标机提高了激光打标质量和速度,但标记面积不如机械扫描式打标机的大。

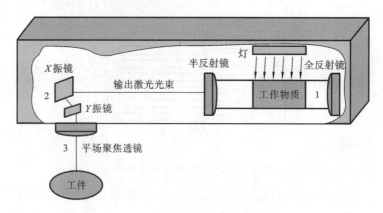

图 2-7 振镜式扫描打标式原理图

2.1.2 激光打标机系统组成

1. 打标机激光器系统

目前激光打标机的激光器波长范围从紫外激光到中红外激光都有成熟运用,图 2-8 给出了适用于打标的激光波长。

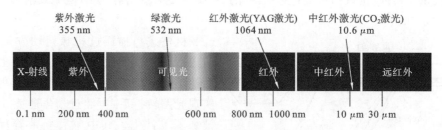

图 2-8 适用于打标的激光波长

1) CO_2 激光器

CO_2 激光器的工作波长为 10604 nm,广泛用于标记纸张和木材等有机材料,同时也能标记印刷电路板(PCB 板)和玻璃。图 2-9 显示了 CO_2 激光打标机在 PCB 电路板上打标的效果。

2) 掺镱光纤激光器

掺镱光纤激光器的工作波长为 1070 nm,适用于金属和塑料材料上的清晰打标,使用寿命长,光电效率高,维护简单,使用成本低。

图 2-10 显示了光纤激光打标机在玻璃纤维(glass-filled plastic)材料上打标的效果。

3) Nd：YVO_4 激光器

Nd：YVO_4 激光器的工作波长为 1064 nm,激光峰值功率高、脉冲宽度窄,在高分辨率精细打标上得到应用。

4) 绿光激光器

绿光激光器的工作波长为 532 nm,适用于塑料、硅材料上的清晰打标,还能在金、银等反光性强的材料上实现高质量打标。

图 2-9　CO_2 激光器在 PCB 电路板上的打标
效果

图 2-10　光纤激光器在玻璃纤维
材料上的打标效果

5）紫外激光器

紫外激光器的工作波长为 355 nm，几乎能适用所有材料，特别适用于塑料上打标以及在金属材料上的低热量打标。

绿光激光器和紫外激光器通常是将 Nd：YVO_4 激光器的输出借助晶体元件倍频，将输出光的波长从 1064 nm 分别变换到 532 nm 和 355 nm。

6）Nd：YAG 激光器

Nd：YAG 激光器用于大面积和深度雕刻金属等要求较高激光功率（50～100 W）的应用场合。

上述每种激光器提供不同的输出波长，并且具有不同的峰值功率和脉冲宽度等光学属性，要根据所标记的材料以及用户对标记的清晰度、字符大小和输入到零件的热量等要求，选用不同的激光器波长。

除了能够实现打标加工外，激光打标机通常还具备一定的切割、钻孔、抛光、划线、刮削等加工能力。

2. 打标机导光及聚焦系统

振镜式激光打标机应用最为普遍，下面以它来了解打标机各系统。

1）振镜式激光打标机导光及聚焦系统主要光学器件

打开各类振镜式激光打标机的光具座外罩，除了有不同的激光器外，还可以看到指示红光、合束镜、扩束镜等光学器件安装在光具座内部，振镜和平场聚焦透镜等光学器件（又称打标头）安装在光具座外部，如图 2-11 所示。

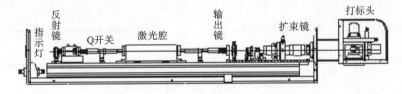

图 2-11　打标机导光及聚焦系统示意图

上述这些器件构成了振镜式激光打标机的导光及聚焦系统，激光传导路径可以简单表述为：激光器→合束镜（如果有必要）→扩束镜→振镜→聚焦透镜（场镜）→工件。

2）振镜式激光打标机导光及聚焦系统的聚焦方式

按聚焦透镜的位置不同，光路系统分为前聚焦和后聚焦两种方式。

（1）后聚焦方式：在后聚焦方式中，聚焦透镜安装在振镜系统之后，是导光及聚焦系统最后一个器件，如图 2-12 所示。

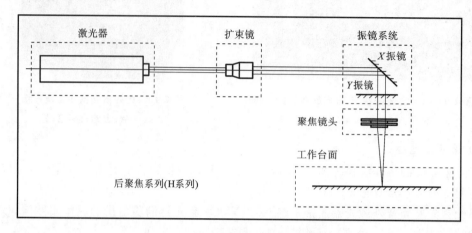

图 2-12　后聚焦光路系统示意图

加工范围与聚焦透镜焦距成正比，后聚焦方式聚焦后光斑直径较细，加工范围比较小。

振镜式激光打标机一般采用后聚焦方式，将聚焦透镜安装在振镜的后面。

聚焦透镜是 f-θ 平场聚焦透镜，不管光束如何移动，它的焦点位置始终大致保持在一个平面上，保证了在加工区域内的激光光斑大小与能量密度一致，有效地提高了加工质量。

另外，后聚焦方式可以根据加工范围的大小和加工状况随时更换聚焦透镜，为设备的维护、维修提供了极大的便利。

（2）前聚焦方式：在前聚焦方式中，聚焦透镜安装在振镜系统之前，如图 2-13 所示。

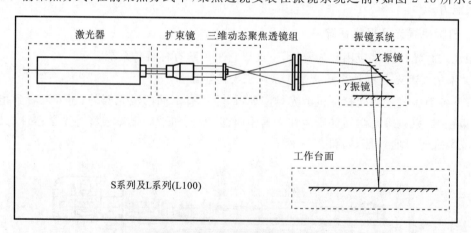

图 2-13　前聚焦光路系统示意图

由于前聚焦方式的光程较长，前聚焦方式聚焦后的光斑直径比较粗，加工范围较大。

为了克服前聚焦方式聚焦后的光斑直径比较粗的缺点，同时又保留加工范围较大的优点，可以在固定聚焦透镜的前面加一个动态聚焦透镜，通过改变动态聚焦透镜的位置可以使得整个打标幅面上离开原点的光斑直径和位于振镜原点的光斑直径基本一致，实现小光斑、大幅面激光打标，如图 2-14 所示。

振镜式大幅面激光加工设备的导光及聚焦系统基本上都采用上述结构。

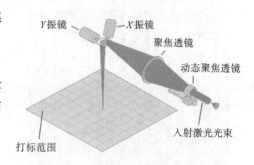

图 2-14 （前聚焦＋动态聚焦）示意图

3. 打标机运动系统案例

激光打标机运动系统经过适当组合可以实现一维在线打标、二维大幅平面打标、三维曲面打标等不同的形式。

1）一维在线打标

一维在线打标又称为飞行激光打标，主要用于各类产品表面或外包装物表面进行在线式打标。在打标过程中，产品在生产线上不停地一维流动，极大地提高了打标的效率，如图2-15所示。

打标机运动系统和激光器出光点阵的完美配合才能实现一维在线打标。

图 2-16 表示了 5×7 的点阵字符"N"和"C"标记实现的过程。

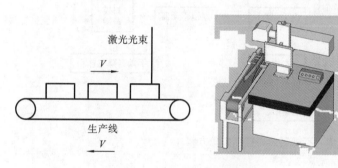

图 2-15　一维在线打标示意图

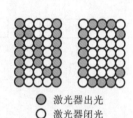

○ 激光器出光
○ 激光器闭光

图 2-16　一维在线字符打标
实现的过程示意图

当振镜扫描到黑色位置时，激光器打标出光，物体被激光标记一个点，当振镜扫描到白色位置时，激光器闭光，物体不会被标记。7 个字符完成后运动系统移动一个位置，循环往复，直到打标完成。

2）二维大幅平面打标

二维大幅平面打标又称为拼接打标，在打标过程中，如果待加工图形尺寸大于场镜的加工范围时，可以让工作台在打标软件的控制下实现 X-Y 二维范围内的运动，极大地扩展了打标范围，如图 2-17 所示的 X-Y 二维大幅平面打标系统。

3）三维曲面打标

在非平面打标时需要用到三维曲面打标技术，通常有以下两种实现方式。

（1）规则圆柱体旋转打标：规则的圆柱体工件，可以配置旋转轴将工件装夹起来进行旋转打标，如图 2-18 所示。

（2）不规则曲面打标：目前，实现不规则曲面打标的理想方案主要是在激光光路输出端的激光扩束镜安装在一个动态聚焦透镜，实现在圆柱体、球面、斜面和多层零件上打标，如图 2-19 所示。

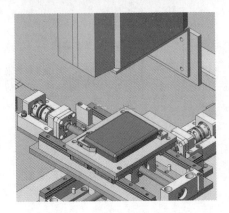

图 2-17   X-Y 二维大幅平面打标示意图

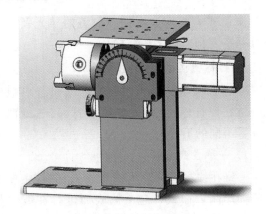

图 2-18   旋转打标示意图

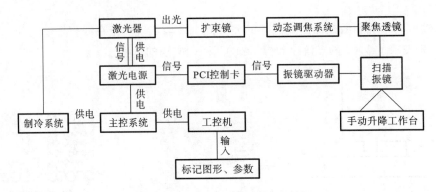

图 2-19   不规则曲面打标实现方案

4. 激光打标机控制系统

1) 振镜式激光打标机的主要控制对象

振镜式激光打标机控制系统的主要控制对象有两个器件,第一个是激光器,第二个是振镜系统,如图 2-20 所示。其他控制对象根据打标机的种类不同,可能还有激光电源、Q 电源、水箱及脚踏开关等器件。

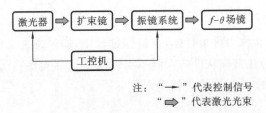

注:"——→"代表控制信号
"⇒"代表激光光束

图 2-20   振镜式激光打标机控制系统的主要控制对象

2) 振镜式激光打标机控制系统

振镜式激光打标机控制系统由硬件系统和软件系统两个部分组成。

硬件系统包括工控机、打标控制卡、振镜、激光电源等器件,其中工控机通过打标控制卡发出控制指令,激光器、振镜和激光电源完成控制动作,其核心是工控机和打标控制卡。

软件系统包括工控机操作系统、各类应用软件和专业打标软件等。

5. 激光打标机传感与检测系统

目前,激光打标机传感与检测系统使用最广泛的是打标视觉定位系统,如图2-21所示的全自动视觉激光打标机,由摄像机及光源构成视觉检测系统,完成工件图像的采集工作并给激光器等主要器件发出控制指令。

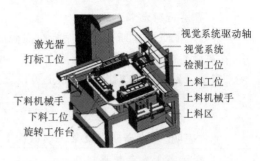

图 2-21　全自动视觉激光打标机

6. 激光打标机冷却与辅助系统

1)激光打标机冷却系统类型及选型

激光打标机的冷却方式根据所选用激光器的冷却方式确认,水冷和风冷两种方式都有,水冷系统一般采用单独制冷装置。

2)激光打标机烟雾净化器类型及选型

与冷却系统一样,激光打标机烟雾净化器一般也采用独立净化装置。

2.2　激光光束参数测量方法与技能训练

2.2.1　激光光束参数基本知识

激光光束参数测量是激光技术中的一个重要方面,也是激光设备开发、生产和应用中的一项基础工作。

1. 激光光束参数

激光光束参数可以分为时域、空域和频域特性参数三大类。

1)激光光束时域特性参数

激光光束时域特性参数包括脉冲波形、峰值功率、重复功率、瞬时功率、功率稳定性等。对激光加工设备而言,激光的峰值功率是最为重要的时域特性参数。

2)激光光束空域特性参数

激光光束空域特性参数包括激光光斑直径、焦距、发散角、椭圆度、光斑模式、近场和远场分布等。对激光加工设备而言,光斑直径、焦距和光斑模式是最为重要的空域特性参数。

3)激光光束频域特性参数

激光光束频域特性参数包括波长、谱线宽度和轮廓、频率稳定性和相干性等。对激光加工设备而言,频域特性参数由生产激光器的设备厂家提供,一般自己不做测量。

2. 激光光束空域特性参数概述

1)高斯光束

理论和实际检测都证明,稳定腔激光器形成的激光光束是振幅和相位都在变化的高斯光束,如图2-22所示。

激光加工设备中希望得到稳定的基模(TEM_{00})高斯光束。

2）基模高斯光束光斑半径 r

基模（TEM$_{00}$）高斯光束的振幅在横截面上按高斯函数所描述的规律从中心向外边缘减小，在离中心的距离 r 处的振幅降落数值为中心处数值的 $1/e$。

定义 r 为基模光斑半径，理论上可以证明 r 为

$$r = \sqrt{x^2 + y^2} = \sqrt{\frac{L\lambda}{\pi}} \tag{2-1}$$

上式表明，基模高斯光束某一横截面上的光斑半径 r 只与腔长 L 和激光波长 λ 有关。

3）基模高斯光束传播规律

基模高斯光束光斑半径 r 会随传播距离 z 的变化按照双曲线规律变化，可以用发散角 θ 来描述高斯光束的光斑直径沿传播 Z 方向的变化趋势，如图 2-23 所示。

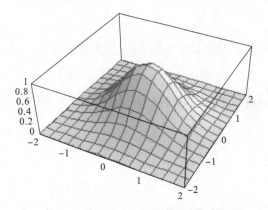

图 2-22 基模（TEM$_{00}$）高斯光束振幅示意图

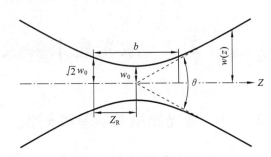

图 2-23 高斯光束传播示意图

当 $z=0$ 时，发散角 $\theta=0$，光斑半径最小，此时称为高斯光束的"束腰"半径，"束腰"半径小于基模光斑半径。

当 z 为光束准直距离 Z_R 时，发散角 θ 数值最大。

当 z 为无穷远时，发散角 θ 数值将趋于一个定值，称为远场发散角。

我们可以在许多激光器的使用手册上查到某类激光器的基模光斑半径、准直距离、远场发散角 θ 等数据。

4）基模高斯光束聚焦强度

理论上可以证明，若激光光路中聚焦透镜的直径 D 为高斯光束在该处的光斑半径 $w(z)$ 的 3 倍，激光光束 99% 的能量都将通过此聚焦镜透聚焦在激光焦点上，获得很高的功率密度。所以，激光加工设备的聚焦透镜直径不大，但焦点处的激光光束功率密度却很高。

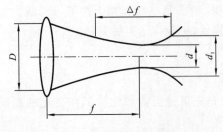

图 2-24 激光焦点图示

脉冲激光光束功率密度可达 $10^8 \sim 10^{13}$ W·cm^{-2}，连续激光光束功率密度也可达 $10^5 \sim 10^{13}$ W·cm^{-2}，满足了材料加工对激光功率的要求。

5）基模高斯光束焦点与焦深

激光光束经过透镜聚焦后，其光斑最小位置称为"激光焦点"，如图 2-24 中的 d 所示。

焦点光斑直径 d 可以由以下公式粗略计算：

$$d = 2f\lambda/D$$

式中：f 为聚焦透镜的焦距；D 为入射光束的直径；λ 为入射光束的波长。

由此可以看出，焦点的光斑直径 d 与聚焦透镜焦距 f 和激光波长 λ 成正比，与入射光束的直径 D 成反比，减小焦距 f 有利于缩小光斑直径 d。但是 f 减小，聚焦透镜与工件的间距也缩小，加工时的废气废渣会飞溅黏附在聚焦透镜表面，影响加工效果及聚焦透镜的寿命，这也是大部分激光加工设备要使用扩束镜的原因。

如果导光及聚焦系统能设计为 $f/D \approx 1$，则焦点光斑直径可达到

$$d = 2\lambda$$

这说明基模高斯光束经过理想光学系统聚焦后，焦点光斑直径可以达到波长的两倍。

6）基模高斯光束聚焦深度

焦点的聚焦深度是该点的功率密度降低为焦点功率密度一半时该点离焦点的距离，如图 2-24 中的 Δf 所示。

聚焦深度 Δf 可以由以下公式粗略计算：

$$\Delta f = 4\lambda f^2/(\pi D^2)$$

由此可以看出，聚焦深度 Δf 与激光波长 λ 和聚焦透镜焦距 f 的平方成正比，与入射到聚焦透镜表面上的光斑直径的平方成反比。

综合来看，要获得聚焦深度较深的激光焦点，就要选择较长焦距的聚焦透镜，但此时聚焦后的焦点光斑直径也相应变粗，光斑大小与聚焦深度是一对矛盾，在设计激光导光及聚焦系统时，要根据具体要求合理选择。

3. 激光光束时域特性参数概述

1）脉冲激光波形和脉宽

图 2-25 是重复频率为 1 Hz 时通过测量到的某一类灯泵浦脉冲激光器在调 Q 前和调 Q 后的激光波形。

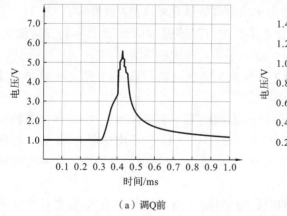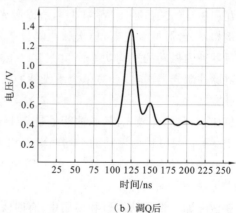

（a）调Q前　　　　　　　　　　　　（b）调Q后

图 2-25　脉冲激光波形

重复频率是脉冲激光器单位时间内发射的脉冲数，如重复频率 10 Hz 就是指每秒钟发射 10 个激光脉冲。

脉冲激光器脉宽是脉冲宽度的简称，可以简单理解为每次发射一个激光脉冲时的激光

脉冲的持续时间。激光脉冲脉宽因激光器不同而不同,从图 2-25(a)可以看出,调 Q 前激光脉冲的持续时间约为 0.1 ms,调 Q 后激光脉冲的持续时间约为 20 ns,只相当于原来时间的 1/5000,如果不考虑功率损失,调 Q 后的激光峰值功率提高了近 5000 倍。

脉冲激光器脉宽可以在很大范围内变化,长脉冲激光器脉宽大约在毫秒级,短脉冲激光器脉宽大约在纳秒级,超短脉冲激光器脉宽大约在皮秒和飞秒级。

各类脉冲激光器在工业部门都有不同的应用,如图 2-26 所示。

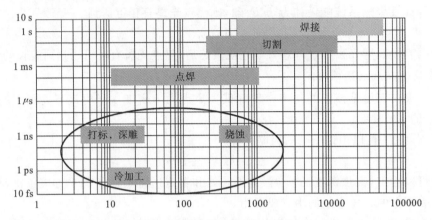

图 2-26　脉冲激光器的不同应用

2) 激光功率与能量

激光功率与能量是表明激光有无和强弱的两个相互关联的名词。

脉冲激光器以重复频率发射激光,激光强弱以每个激光脉冲做功的能量大小来度量比较直观和方便,单位是焦耳(J),即每个脉冲做功多少焦耳。

连续激光器连续发光,激光强弱以每秒钟做功多少焦耳来度量比较直观和方便,单位是瓦特(W),即单位时间内做功多少。

瓦和焦耳的关系是 1 W=1 J/s,所以激光功率与能量是可以相互换算的。

例如,一台脉冲激光器,单次脉冲能量是 1 J,重复频率是 50 Hz(即每秒钟发射激光 50 次),每秒钟内做功的平均功率为 50×1 J=50 J,平均功率就换算为 50 W。

对脉冲激光器而言,计算每个激光脉冲的峰值功率更有实际意义,它是每次脉冲能量与激光脉宽之比。

例如,一台脉冲激光器,脉冲能量是 0.14 毫焦/次,重复频率是 100 kHz(即每秒钟发射激光 10^5 次),每秒钟内做功的平均功率为 0.14 mJ$\times 10^5$=14 J,平均功率为 14 W。若脉宽为 20 ns,峰值功率为 0.14 mJ/20 ns=7000 W,可以看出,脉冲激光器的峰值功率要比平均功率大得多。

在激光加工设备的制造和使用中,有时既要计算脉冲激光的峰值功率,也要计算脉冲激光的平均功率。

例如,某台脉冲激光器所使用的 ZnSe 镜片的激光损伤阈值是 500 MW/cm^2,脉冲激光器脉冲能量是 10 J/cm^2,脉宽为 10 ns,重复频率为 50 kHz,平均功率密度为 10 J/cm^2 $\times$ 50 kHz=0.5 MW/cm^2,峰值功率密度为 10 J/cm^2/10 ns=1000 MW/cm^2。从激光器的平均功

率看,该镜片是不会损伤的,但从峰值功率看是大于该镜片的激光损伤阈值的,所以镜片不能用于此脉冲激光器。

4. 激光光束频域特性参数概述

激光频域特性参数包括波长、谱线宽度和轮廓、频率稳定性和相干性等,这些参数已在前面的激光知识中已经做了介绍,这里不再赘述。

激光光束频域特性参数测量一般在科研院所研制新型激光器之类的工作中才可能用到,一般激光加工设备制造和使用厂家很少用到,这里也不再赘述。

2.2.2 电光调Q激光器静/动态特性测量方法

1. 电光调Q激光器组成

利用电光调Q激光器,既可以测量激光光束时域参数中的脉冲波形和峰值功率,又可以测量激光光束空域参数中的激光光斑直径、焦距和光斑模式,是了解激光光束参数的极佳实训平台。电光调Q激光器器件组成如图2-27所示。

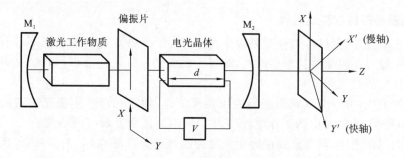

图 2-27　电光调Q激光器结构示意图

2. 电光调Q激光器的静态特性

YAG晶体在氙灯光泵浦下发射自然光,通过偏振片后变为线偏振光,如果在电光调制晶体(如KDP)上未加电压V,光子沿光轴通过晶体其偏振状态不发生变化,经全反射镜M_1反射后,再次通过调制晶体和偏振片,从半反镜M_2逸出,电光Q开关处于"打开"状态,相当于一个普通的重复频率脉冲激光器。

此时若在半反镜M_2端(激光输出端)装上光电二极管传感器与示波器,就可以测试该激光器调Q前的脉冲波形;再装上能量计测试出单脉冲能量,还可以计算出调Q前单脉冲峰值功率,上述参数称为电光调Q激光器的静态特性。

3. 电光调Q激光器的动态特性

如果在电光调制晶体上施加电压,由于纵向电光效应,当线偏振光通过晶体后,经全反镜反射回来,再次经过电光调制晶体,偏振面相对于入射光偏转了90°,偏振光不能再通过偏振片,电光Q开关处于"关闭"状态,此时激光器进入电光调Q状态。

如果在氙灯刚开始打开时事先在电光调制晶体上加电压,使谐振腔处于"关闭"的低Q值状态,阻断激光振荡形成。待激光上能级反转的粒子数积累到最大值时,快速撤去电光调制晶体上的电压,使激光器瞬间处于"打开"的高 Q 值状态,就可以产生雪崩式的激光振荡并输出一个巨脉冲。

此时若在半反镜 M_2 端(激光输出端)装上雪崩二极管传感器与示波器,就可以测试该激光器调 Q 后的脉冲波形,再装上能量计测试出单脉冲能量,就可以计算出调 Q 后单脉冲峰值功率,上述几个参数称为电光调 Q 激光器的动态特性。

4. 电光调 Q 激光光束特性测试系统

电光调 Q 激光光束特性测试系统如图 2-28 所示,光电二极管与示波器一路可以测试激光器静态特性,雪崩管探测器与示波器一路可以测试激光器动态特性,M 为半反半透镜。

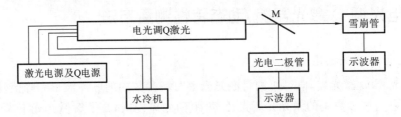

图 2-28 电光调 Q 激光光束特性测试系统示意图

5. 激光器静态特性测试过程

打开激光电源点亮氪灯,选择重复频率为 1 Hz,在不加 Q 电源的情况下,调整光电二极管探测器的位置与示波器的状态,可在示波器上观察到氪灯发光波形,如图 2-29(a)所示,此时对应的工作电压约为 380 V。

加大工作电压,可以测试到激光器的出光阈值点,即激光器产生激光所需的最低电压,如图 2-29(b)所示,此时对应的工作电压约为 400 V(不同激光器有所不同)。

继续加大工作电压,可观察到静态激光脉冲的弛豫振荡现象,如图 2-29(c)所示,此时对应的工作电压为 450 V。

6. 激光器动态特性测试过程

1)调 Q 晶体关断电压调试

在激光器静态特性调试结果正常的状态下,在电光晶体 KDP 上加上电压并调节电压使静态激光波形完全消失。

微微调高激光器工作电压,观察静态激光波形,再次调节电光晶体 KDP 上的电压使静态激光波形完全消失。

再次调节激光器工作电压,重复上述过程直至激光器工作电压无法再调高,此时光电晶体 KDP 上的电压即为调 Q 晶体关断电压。

2)调 Q 延迟时间

在激光关断的情况下,给出退压信号,此时激光以调 Q 脉冲方式输出。

使用激光能量计,调节退压信号延迟旋钮找出激光输出最大位置,此时即为调 Q 最佳延迟时间,此时可以通过示波器获得调 Q 激光器动态特性测试的波形图。

3)激光器动态特性测试结果

用光电二极管与示波器测试到的激光调 Q 波形如图 2-30(a)所示,改用雪崩二极管与示波器测试到的激光调 Q 波形如图 2-30(b)所示。

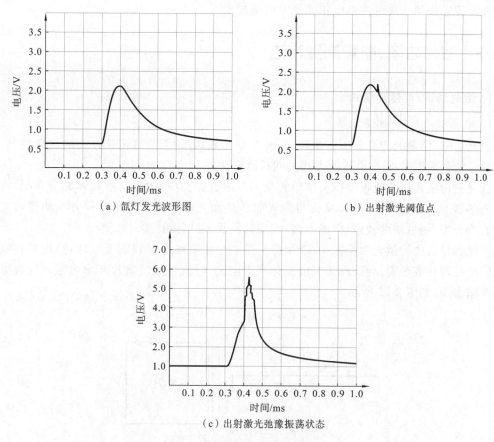

（a）氙灯发光波形图　　　　　　　　（b）出射激光阈值点

（c）出射激光弛豫振荡状态

图 2-29　激光器静态特性测试结果

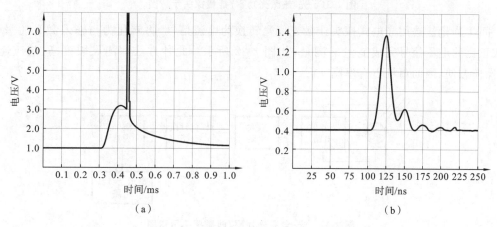

（a）　　　　　　　　　　　（b）

图 2-30　调 Q 激光器动态特性测试结果

可以看出,在最佳调 Q 延迟时间对应状态下调 Q 激光脉冲脉宽约为 15 ns,大约为未调 Q 激光脉冲脉宽的千分之一。

值得注意的是,激光脉冲宽度在 5～100 ns 时,示波器的使用带宽为 100～500 MHz,最好是使用记忆示波器,激光脉冲宽度短到 1 ns 以下时,要使用高速电子光学条纹照相机或双光子吸收荧光法和二次谐波强度相关法等测量技术。

2.2.3 激光功率/能量测量方法

1. 激光功率/能量测量知识

1）激光功率/能量测量方法

激光功率/能量的测量方法有两种：一种是信号获取采用光-热转换方式的直接测量法；另一种是信号获取采用光-电转换方式的间接测量法。

直接测量法选用全吸收型探头让激光全部照射进探头中，激光与吸收体充分作用，再用热电传感器测试吸收体的温升，从而得到吸收体的激光能量值。采用此种方法测得的光谱响应曲线平坦，测量精度较高，但成本高，响应时间长，难以做到实时监测。

直接测量法中的激光功率探头/能量探头是一个涂有热电材料的吸收体，热电材料吸收激光能量并转化成热能，导致探头温度变化产生电流，电流再通过薄片环形电阻转变成电压信号传输出来，如图 2-31 所示。

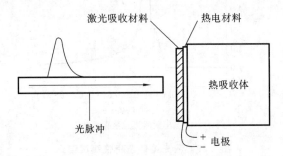

图 2-31　光-热激光功率/能量探头示意图

间接测量法选用光电式探头让激光信号转换为电流信号，再转化为与输入激光功率/能量成正比的电压信号完成能量的测量，如图 2-32 所示。此种方法探测灵敏度高、响应速度快、操作方便，因而市场占有率高。

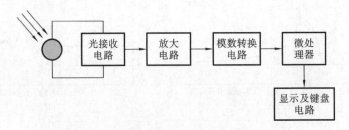

图 2-32　光-电激光功率/能量探头示意图

2）激光功率/能量测量方式

激光功率/能量的测量方式有两种：一种是连续激光功率测量，常用功率计测量激光功率，也可以用测量一定时间内的能量的方法求出平均功率；另一种是脉冲激光能量测量。常用能量计直接测量单个或数个脉冲的能量，也可以用快响应功率计测量脉冲瞬时功率，并对时间积分而求出能量。

激光功率/能量测量装置是由探头和功率计/能量计组成的,如图 2-33 所示。

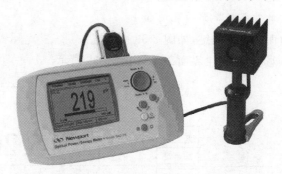

图 2-33 激光功率计与探头的连接

激光功率/能量测量的区别只是使用了不同的功率探头/能量探头和功率计/能量计,如图2-34所示。

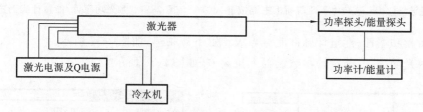

图 2-34 激光功率/能量测量方式

激光功率探头有热电堆型、光电二极管型以及包含两种传感器的综合探头,激光能量探头有热释电传感器探头和热电堆传感器探头。

探头选择取决于激光光束的类型及参数,例如,激光是连续的还是脉冲的、激光功率/能量的范围、激光光束波长的范围等,没有一款探头能适应所有的激光测试条件。

由于探头种类较多,可以通过厂商提供的筛选软件来选择合适的探头。为了避免强激光的损害,激光功率/能量测试时在探头前还可以选配各种形式的衰减器。

2. 激光光束功率/能量测量技能训练

1)测量探头选择方案

(1)适用能量范围:选择探头首先应该考虑探头适用能量范围,热电探测器可工作在毫焦到上千焦耳量级,热释电探测器工作在微焦到几百毫焦量级,光电探测器可以工作在微焦以下。

(2)工作频率:热电探头适用单脉冲激光测量,热释电探测器适用于低频重复脉冲激光测量,光电探测器适用于各种频率脉冲激光测量。

(3)光谱响应:热电和热释电探测器通常具有宽光谱响应,并在一定的波长范围保持一致,光电探测器会因激光波长而具有不同响应灵敏度。

(4)激光损伤阈值:高功率连续激光和高峰值功率的短脉冲或重复频率的脉冲激光均会对探头造成损伤,激光功率/能量测量时需要同时考虑激光的峰值功率损伤阈值和激光能量损伤阈值,并且需对特定的测试进行激光功率或能量密度计算。

(5)光斑直径:激光光斑直径与激光探头口径应当尽量对应。

2)激光功率/能量计外观与界面功能简介

(1)激光功率计前面板主要按键,如图 2-35 所示。

(2)激光功率计/能量计实时主界面菜单,如图 2-36 所示。

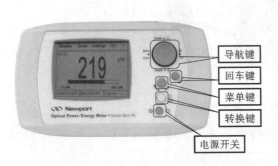

图 2-35　理波 842-PE 激光功率计前面板主要按键

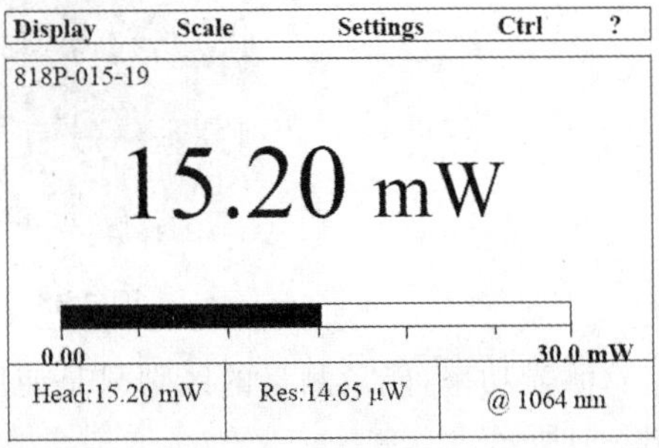

图 2-36　激光功率计/能量计实时主界面菜单

(3)激光功率计/能量计脉冲能量等级预置下拉菜单,如图 2-37 所示。

(4)激光功率计/能量计参数设置下拉菜单,如图 2-38 所示。

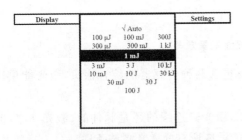

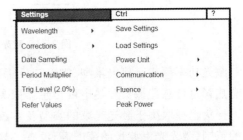

图 2-37　脉冲能量等级预置下拉菜单

图 2-38　设置下拉菜单界面

3)激光能量测量技能训练基本步骤

(1)开启激光能量计,预热,进入主界面,选定测试激光对应的波长,预置激光最大能量。

(2)能量计探头对准激光出光口。

(3)选择激光设备重复频率,一般为 1 Hz,选择激光出光参数,测量激光单脉冲能量。

(4)记录单脉冲能量,计算给定脉宽下的激光峰值功率是否满足要求。

4)激光功率测量技能训练基本步骤

激光功率测量步骤与激光能量测量步骤基本一致。

(1)开启激光功率计,预热,进入主界面,选定测试激光对应的波长,预置激光最大功率。

(2)功率计探头对准激光出光口。

(3)选择激光设备连续出光方式和出光参数,测量平均功率。

(4)记录各参数,完成激光功率的测试。

2.2.4　激光光束焦距确定方法

1. 激光光束焦点离聚焦透镜的理论距离

在激光加工设备的光路系统中,激光光束焦点离聚焦透镜的距离理论上可以由下列公式确定,如图 2-39 所示。

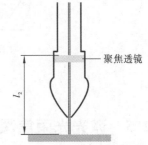

图 2-39　激光光束焦距示意图

$$l_2 = f + (l_1 - f)\dfrac{f^2}{(l_1 - f)^2 + \left(\dfrac{\pi\omega_0^2}{\lambda}\right)^2}$$

式中:l_2 为激光光束焦点离聚焦透镜的距离,即激光光束焦距;f 为聚焦透镜的焦距;ω_0 为激光光束入射聚焦透镜前的束腰半径;l_1 为光束入射聚焦透镜前离聚焦透镜的距离;λ 为激光光束波长。

在通常情况下,由于 $l_1 > f$,所以激光光束焦距和聚焦透镜的理论焦距在数值上很接近,即 $l_2 \approx f$。

2. 激光光束焦点位置的实际确认方法

在实际工作中,通过下列方法确定激光光束焦点的位置。

1) 定位打点法

把一张硬纸板放在激光头下,用焦距尺调整激光头到硬纸板高度,按激光按键发出脉冲激光,通过比较激光头不同高度打出点的大小找出最小点,此时的高度即为激光光束焦距。

从图 2-40(b)可以看出,高度为 9 mm 时的激光斑点最小,焦距为 9 mm。

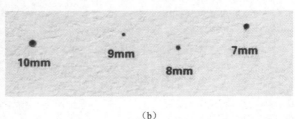

(a)　　　　　　　　　　　　　(b)

图 2-40　定位打点法示意图

2) 斜面焦点烧灼法

将平直的木板斜放在工作台上,斜度为 $10° \sim 20°$。确定加工起始点后让工作台沿 X 轴(或 Y 轴)连续水平移动一段距离,并让激光器连续输出激光,这时可以看到木板上有一条从宽变窄,又从窄变宽的激光光束的烧灼痕迹,痕迹最窄处即为焦点位置。测量在这个位置的木板距离镜片的距离就是实际的激光光束焦距,如图 2-41 所示。

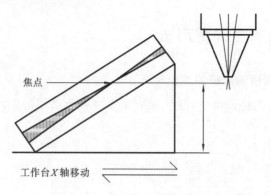

焦点

工作台 X 轴移动

图 2-41 斜面焦点烧灼法示意图

2.2.5 激光光束焦深确定方法

光轴上某点的光强度降低至激光光束焦点处的光强一半时,该点至焦点的距离则为激光光束的聚焦深度,计算公式为

$$z = \frac{\lambda f^2}{\pi w_1^2}$$

式中:λ 为激光波长;f 为聚焦透镜焦距;W_1 为激光光束入射到聚焦透镜表面上的光斑半径。

由上式可见:聚焦深度与激光波长 λ 和透镜焦距 f 的平方成正比,与入射到聚焦透镜表面上的光斑半径的平方成反比。例如,在深孔激光加工以及厚板的激光切割和焊接中,若要减少锥度,则需要较大的聚焦深度。

激光打标机主要器件连接知识与技能训练

3.1　激光打标机常用激光器知识

3.1.1　氪灯泵浦激光器

1. 氪灯泵浦激光器发光原理

灯泵激光打标机采用氪灯泵浦激光器作为光源,并在 Q 开关的作用下形成波长为 1064 nm 的高频巨脉冲激光输出到工件上。

氪灯泵浦激光器采用氪灯作为激励源,掺钕钇铝石榴石(Nd：YAG)晶体作为工作物质,激励源使工作物质生产能级跃迁释放出激光,在全反镜片和半反镜片中来回振荡放大并形成波长 1064 nm 的连续激光输出,如图 3-1 所示。

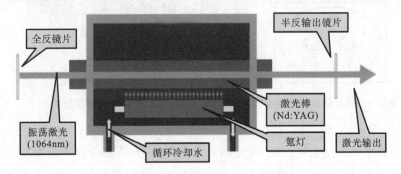

图 3-1　氪灯泵浦激光器结构示意图

2. 氪灯泵浦激光器主要器件

1) 激光棒

激光棒是淡紫色的掺钕钇铝石榴石(Nd：YAG)晶体,具有阈值低、热学性质优异的特点,适用于连续和高重复频率工作场合。

2）连续氪灯

连续氪灯是惰性气体放电灯，其光谱特性与激光棒的吸收光谱相匹配，与焊接机上用的脉冲氙灯相比具有较高的发光效率，是电极外形一头尖、一头圆的连续发光光源，如图 3-2 所示。

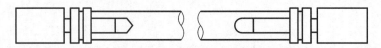

图 3-2　直线圆柱连续氪灯示意图

连续氪灯电极头部形状尖锐有利于放电，在激光打标机之类峰值功率较小的激光设备上得到广泛应用。

3）聚光腔

聚光腔的主要功能是将泵浦辐射出的光最大限度地聚集到激光工作物质上，同时还有提供冷却液通道和灯、棒的固定位置的功能。

狭义聚光腔指聚光腔腔体和反射体两个部分，反射体内表面横截面是一个椭圆，如图3-3 所示。

广义聚光腔指由不锈钢或非金属腔体、镀金或陶瓷反射体、滤紫外石英玻璃管（导流管）及有关接头、激光工作物质及水密封零件、泵浦光源（氪灯或氙灯）及水密封零件等主要部分组成，如图 3-4 所示。

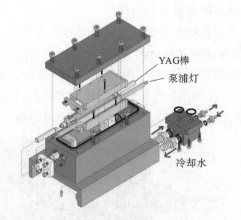

YAG棒

泵浦灯

冷却水

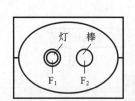

灯　棒

F_1　F_2

图 3-3　狭义聚光腔示意图　　　　图 3-4　广义聚光腔示意图

4）谐振腔

谐振腔由两个光学反射镜组成，置于激光工作物质两端，其中一个反射镜的反射率接近100%，称为全反射镜；另一个反射镜的反射率稍低些，称为部分反射镜，它可以部分反射激光并允许激光输出，又称激光器窗口。全反射镜和部分反射镜有时分别称为高反镜和低反镜，有时称为全反镜和半反镜。

3. 氪灯泵浦激光器特点

氪灯泵浦激光器的优点是产生激光的波长属于红外光频段，振荡频率高，输出功率稳定，但它有一个缺点是激光器以连续方式工作，激光器平均输出功率不能满足激光打标的要求。

为此,我们在氪灯泵浦激光器的光路上加入声光 Q 开关器件,声光 Q 开关器件将连续激光改变为重复频率为 5 kHz～20 kHz 的高重复率的脉冲激光,峰值功率输出可达连续输出功率的 500～1000 倍,满足了激光打标的要求,如图 3-5 所示。

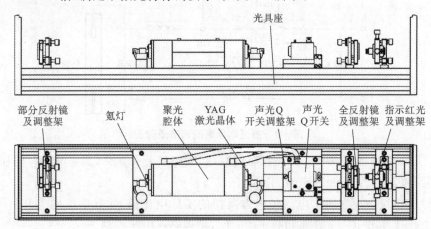

图 3-5 加入声光 Q 开关的氪灯泵浦激光器

4. 打标机用氪灯泵浦激光器功率控制方式

1) 氪灯泵浦激光器功率控制

打标机用氪灯泵浦激光器功率控制主要考虑两个因素:第一是控制激光器的平均功率;第二是控制激光器的峰值功率。

2) 氪灯泵浦激光器平均功率控制原理

打标机用氪灯泵浦激光器通过激光电源控制氪灯电流来控制激光器的平均功率。

图 3-6 是氪灯的伏安特性曲线,在高压脉冲击穿惰性气体后氪灯即被打开,氪灯上通过的工作电流越大,发光越强。

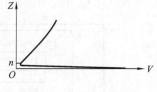

图 3-6 氪灯的伏安特性

氪灯泵浦激光器平均功率主要与氪灯发光的亮度相关,增加氪灯发光亮度,激光器平均功率也随之增加,反之亦然。

氪灯发光的亮度由激光电源来控制,图 3-7 是某种激光电源操作面板示意图,通过电流调节旋钮 CURRENT(或触摸屏)调节氪灯上通过的工作电流。

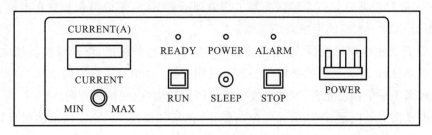

图 3-7 激光电源操作面板示意图

图 3-8 是激光电源电流调节原理图,通过控制 IGBT 导通和截止来调节氪灯上通过的电流大小,达到控制激光器平均功率的目的。

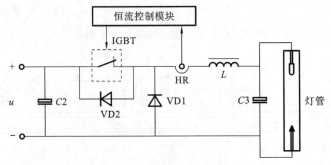

图 3-8　激光电源电流调节原理图

IGBT 是工作在脉宽调节的开关状态的高速、大电流开关器件,当它开通时间加长,关断时间变短时,电流则增大;反之电流则减小。

智能恒流模块是根据霍尔电流传感器反馈的实际电流值、实际电流的上升斜率以及给定电流值来快速调节 IGBT 导通和截止的时间,实现高速电流控制。

打标机用氪灯电流一般在 7～20 A。

3）激光器峰值功率控制原理

打标机用氪灯泵浦激光器通过声光 Q 电源(声光 Q 驱动器)控制声光 Q 开关来控制激光器的峰值功率。

图 3-9 是某种声光 Q 电源操作面板示意图,通过频率调节旋钮 FREQUENCY(或触摸屏)调节声光 Q 开关上的超声波场频率,达到谐振腔声光调 Q 的目的。

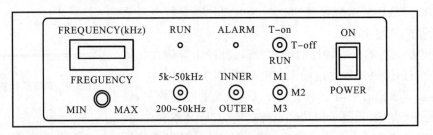

图 3-9　声光 Q 电源操作面板示意图

图 3-10 是声光调 Q 氪灯泵浦激光器工作原理示意图,声光 Q 开关放置在谐振腔的轴线上,与声光 Q 电源一起组成声光调 Q 系统。

声光 Q 开关由电声转换器、声光介质和吸声材料三部分组成,电声转换器通电后,将超声波馈入声光材料,声光材料的折射率会发生周期变化,对相对声波方向以某一角度传播的光波来说相当于一个相位光栅,光波会发生声光衍射效应,改变传播方向。

如果声光衍射效应足够强,聚光腔振荡停止,在氪灯激励下 YAG 棒上能级反转粒子数不断积累并达到饱和值。若突然撤除超声场,则声光衍射效应消失,激光振荡恢复,能量以巨脉冲形式输出,激光脉冲功率得到有效提高,如图 3-11(a)、(b)所示。

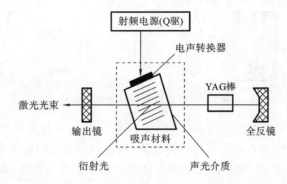

图 3-10　声光调 Q 氪灯泵浦激光器工作原理示意图

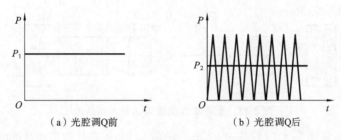

（a）光腔调Q前　　　　　　　　　（b）光腔调Q后

图 3-11　激光器峰值功率控制原理

3.1.2　半导体泵浦激光器与控制方式

半导体泵浦激光器是利用输出固定波长的半导体激光器代替传统的氪灯或氙灯来对激光工作物质进行泵浦的激光器。

现在直接采用半导体泵浦激光器作为光源的激光打标机已经不太常见,但对红外激光器进行腔内(或腔外)倍频或 3 倍频是绿激光打标机激光器和紫外激光打标机激光器产生的重要方式,所以这里简要介绍半导体泵浦激光器与控制方式。

值得注意的是,要把半导体泵浦激光器(diode pumped solid state laser,DPSSL)与半导体激光器区别开来。

1. 半导体泵浦激光器泵浦方式

半导体泵浦激光器主要采用光激励,有端面泵浦和侧面泵浦两种方式。

1)端面泵浦(end pump)

端面泵浦可分为直接端面泵浦和光纤耦合端面泵浦两种结构。

(1)直接端面泵浦:直接端面泵浦激光器结构如图 3-12 所示,由泵浦源(由激光二极管阵列、驱动源和制冷器组成)、光学耦合系统、激光工作物质和谐振腔几个部分组成。

激光二极管阵列出射的泵浦光,经由会聚光学系统耦合到工作物质上,工作物质左端面镀有多层介质膜,对泵浦光的相应波长为高透、对激光光束的相应波长为高反,腔的输出镜为镀有多层介质膜的凹面镜。

直接端面泵浦激光器结构紧凑,转换效率高,基模光强分布好,但因为端面较小,只能采

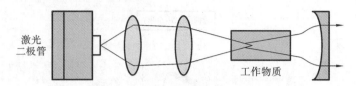

图 3-12　直接端面泵浦激光器结构

用单元激光二极管,限制了泵浦光的最大功率。如果采用功率较大的激光二极管阵列,由于泵浦光模式不好,输出的激光光束质量不易保证,所以只适合低功率激光器。

(2) 光纤耦合端面泵浦:光纤耦合端面泵浦激光器由激光二极管、两个聚焦系统、耦合光纤、工作物质和输出反射镜组成,如图 3-13 所示。

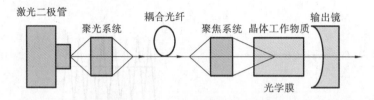

图 3-13　光纤耦合端面泵浦激光器结构

光纤耦合端面泵浦激光器首先把激光二极管发射的光束质量很差的激光耦合到光纤中,经过在一段光纤传输后变成光束质量较好的泵浦光去泵浦工作物质。

激光二极管与光纤间的耦合比与工作物质的耦合容易,降低了器件调整要求,激光器输出模式好、效率高。

近年来,高功率端面泵浦得到了长足发展,如图 3-14 所示的高功率双端泵浦双 $Nd:YVO_4$ 激光器。

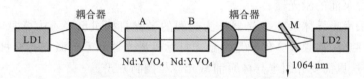

图 3-14　双端泵浦双 $Nd:YVO_4$ 激光器

2) 侧面泵浦(side pump)

大功率的半导体泵浦激光器大多采用侧泵浦方式,如图 3-15 所示。

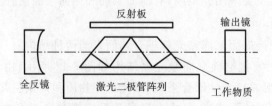

图 3-15　侧面泵浦激光器结构

侧面泵浦激光器由三个二极管阵列泵浦模块围成一圈组成泵浦源,呈 $120°$ 分布,另一侧反射板使泵浦光尽量集中到工作物质中。目前流行的板条状激光器结构中,激光通过工作物质全内反射传输,激光经过工作物质的长度大于工作物质的外形长度,工作物质可以吸收更多的泵浦光从而较易获得大功率侧面泵浦激光器。

2. 半导体泵浦激光器的工作物质

侧面泵浦激光器工作物质是 Nd：YAG 晶体时,我们已做过介绍,这里不再赘述。

下面介绍侧面泵浦激光器工作物质是 Nd：YVO$_4$ 晶体的相关内容。Nd：YVO$_4$ 学名是掺钕钒酸钇,适于制造中低功率二极管泵浦激光器。Nd：YVO$_4$ 晶体对泵浦光源有较高的吸收系数,与 LBO、BBO 和 KTP 等高非线性系数的晶体配合使用能够达到较好的倍频转换效率,方便制成近红外、绿色、蓝色到紫外线等类型的全固态激光器。

工作物质的形状可以是圆柱状的,也可以是板条状的。

3. 半导体泵浦打标机激光器功率控制方式

半导体泵浦打标机功率控制方式与灯泵浦打标机的功率控制方式类似,可以通过提高二极管阵列泵浦模块的输入功率来提高打标机的平均功率,也可以通过调 Q 等方式来提高打标机的峰值功率,如图 3-16 所示。

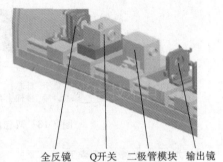

全反镜　Q开关　二极管模块　输出镜

图 3-16 调 Q 半导体泵浦打标机示意图

3.1.3 光纤激光器与控制方式

1. 光纤激光器基本结构

光纤激光器主要由三大部分组成:第一,能产生光子的掺稀土离子光纤,它既是光纤激光器的工作物质,又可以作为增益介质承担着谐振腔的部分功能;第二,由半导体激光器产生的泵浦光源,又称种子光源,它从光纤激光器的左边腔镜耦合进入光纤;第三,由两个反射率经过选择的腔镜组成的光学谐振腔,如图 3-17 所示。

图 3-17 光纤激光器基本结构

从理论上说,只有泵浦源和增益光纤是构成光纤激光器的必要组件,谐振腔的选模作用可以通过光纤的波导效应来解决,谐振腔的增加增益介质长度作用可以用加长光纤长度来解决,所以光纤激光器中的谐振腔不是物理意义上不可或缺的组件。但是我们一般希望光纤长度较短,所以多数情况下实际激光器结构还是采用谐振腔引入反馈。

2. 光纤激光器工作原理

图 3-18 所示的是双包层掺杂光纤激光器的工作原理,LD 泵浦光源通过侧面或端面耦合进入光纤,双包层光纤由内包层和外包层组成,光纤外包层的折射率远低于内包层的折射

率,所以内包层可以传输多模泵浦光。内包层的横截面尺寸大于掺稀土离子的纤芯,内包层和纤芯构成了单模光波导,同时又与外包层构成多模光波导。大功率多模泵浦光从外包层耦合进入内包层,在沿光纤传输的过程中多次穿过纤芯并被吸收,纤芯中稀土离子被激发产生大功率激光输出。

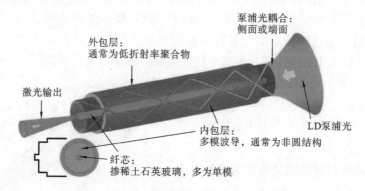

图 3-18　双包层掺杂光纤激光器的工作原理

3. 光纤激光器工作模式

1) 光纤激光器分类

按输出激光特性分类,光纤激光器有连续光纤激光器和脉冲光纤激光器两类,其中脉冲光纤激光器根据其脉冲形成原理又可分为调 Q 脉冲光纤激光器和锁模脉冲光纤激光器。

与氪灯泵浦激光器类似,调 Q 脉冲光纤激光器是在激光器谐振腔内插入 Q 开关器件,通过周期性改变谐振腔腔内的损耗实现脉冲激光输出,脉冲宽度可以达到纳秒量级。

锁模脉冲光纤激光器主要是对谐振腔内的振荡纵模进行调制得到超短脉冲激光,脉冲宽度可以达到皮秒或飞秒量级。

但是,调 Q 或锁模脉冲光纤激光器得到的脉冲能量往往太小,限制了应用范围。

2) MOPA(master oscillator power-amplifier)光纤激光器

MOPA 光纤激光器采用主振荡功率放大结构实现高脉冲能量、高平均输出功率输出,如图 3-19 所示。

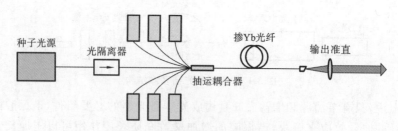

图 3-19　MOPA 光纤激光器示意图

MOPA 光纤激光器在结构上主要分两部分,左边是一个具有高光束质量输出的种子光源,右边是一级或几级光纤放大器结构,构成主振荡功率放大光源。

MOPA 光纤激光器获得的高能量脉冲激光与种子光源的激光波长、重复频率相同,波形形状和脉冲宽度也几乎不变,已经发展成为一类最有前途的激光器,它的参数指标和效果比较分别如图 3-20 和图 3-21 所示。

激光器类型	调 Q 激光器	MOPA 激光器
激光器型号	Q-Switch	YDFLP-20-M6-S
激光调制技术	Q 开关调制	电信号调制种子源
脉冲波形	不可调制	可通过调制信号控制波形
脉冲宽度	固定 100 ns	2～250 ns
峰值功率	低,不可调制	高,可调制
脉冲频率	20～80 kHz	1～1000 kHz
首脉冲上升时间	慢,不可调制	快,可调制

图 3-20 调 Q 脉冲和 MOPA 光纤激光器参数指标比较

应用名称	调 Q 激光器	MOPA 激光器
氧化铝薄板表面剥除	基材易变形,底纹粗	不变形,底纹细腻
阳极氧化铝打黑	无法做此应用	通过参数设置,可以打标出不同深浅的黑度
深雕金属	底纹粗糙	底纹细腻
不锈钢打色彩	需要离焦,效果较难调	可通过调节脉宽和频率组合出各种色彩
PC、ABS 等塑料	易发黄,手感重	无手感,不易发黄
透光油漆塑料按键	较难清除干净	易于清除干净,效率高
电子、半导体、ITO 精密加工	脉宽较大,能量过于强	可调节脉宽使得光斑细腻,能量可调制均衡

图 3-21 调 Q 脉冲和 MOPA 光纤激光器效果比较

连续模式 MOPA 光纤激光器可以用来进行激光切割,脉冲模式 MOPA 光纤激光器可以用在高精度激光打标。

4. 光纤激光器激光功率控制

1）平均功率控制

光纤激光器平均功率由泵浦光源功率控制,泵浦光源功率控制通过恒流电源进行,所以光纤激光器平均功率控制由恒流电源输出控制。

2）峰值功率控制

光纤激光器峰值功率控制由调 Q 光纤激光器的 Q 频率或 MOPA 光纤激光器种子光源的频率控制方式确认,通过光纤激光器 CTRL 接口中不同的接线端口来实现,这里不再赘述。

3.1.4 射频 CO_2 激光器

1. CO_2 激光器工作原理

1）CO_2 气体激光器概述

CO_2 激光器以 CO_2 气体为工作物质,为了延长器件的工作寿命及提高输出功率,还加入

N_2、He、Xe、H_2、O_2 等其他辅助气体于放电管中与工作物质相混合。当在放电管电极上加上适当的电源激励后就可以释放出激光。

CO_2 激光器有一些比较突出的优点:

第一,它有比较大的功率和比较高的能量转换效率。普通 CO_2 激光器可有几十、上百瓦的连续输出功率,横流 CO_2 激光器可有几十万瓦的连续输出,这远远超过了其他气体激光器,脉冲输出的 CO_2 激光器能量和功率上也可与固体激光器媲美。

CO_2 激光器的能量转换效率可达 $30\%\sim40\%$,超过了一般的气体激光器。

第二,CO_2 激光器在 $10\ \mu m$ 附近有几十条谱线的激光输出,有利于各类材料加工。

第三,CO_2 激光器的输出波长正好是大气窗口(即大气对这个波长的透明度较高),有利于在大气中的传播。

CO_2 激光器还具有输出光束的光学质量高、相干性好、线宽窄、工作稳定等优点,因此在激光打标、切割、打孔等材料加工中得到普遍应用。

2)CO_2 激光器激励方式

CO_2 激光器主要采用电激励。

按照电源工作频率高低不同,CO_2 激光器的电激励方式可分为直流(DC)激励、交流高频(HF)激励、射频(RF)激励和微波(MW)激励等从直流到甚高频的几种方式。

各种电激励方式都各有其优缺点,性能比较如表 3-1 所示,在激光打标机中使用的 CO_2 激光器大多采用射频(RF)激励方式。

表 3-1　不同电激励方式的 CO_2 激光器性能比较

电源类型	直流(DC)	高频(HF)	射频(RF)	微波(MW)
	电阻限流	20 kHz～150 kHz	1 MHz～150 MHz	>1 GHz
器件体积	最差	一般	好	好
光电转化率	最差	一般	好	好
重复精度	好	好	好	好
放电电压	最差	一般	好	好
器件寿命	最差	好	最好	好
注入功率密度	最差	好	好	最好
最大功率	最好	一般	好	差
脉冲输出	最差	好	好	好
稳定性	最差	好	好	最好
屏蔽要求	最好	一般	差	差
成本	最好	好	差	好
技术要求	最好	好	一般	最差

从表 3-1 可以看出,射频激励 CO_2 激光器具有最佳综合性能,高频激励次之,微波激励前景广阔,直流激励将被淘汰。

射频激励 CO_2 激光器采用金属封离完全免维护设计,激光气体可以连续工作 20000 小时以上,换气后寿命可达 50000 小时以上,体积小巧,可以很方便地安装在工作台或小型激光加工设备上。

2. 射频(RF)激励 CO_2 激光器结构案例

COHERENT(相干)和 SYNRAD(新锐)是两家全球领先的射频(RF)激励 CO_2 激光器提供商。下面以 SYNRAD(新锐)48-1 射频(RF)激励 CO_2 激光器来介绍射频(RF)激励 CO_2 激光器结构。

1) SYNRAD48-1 射频(RF)激励 CO_2 激光器产品外观

图 3-22 是 SYNRAD48-1 射频(RF)激励 CO_2 激光器产品外观图,图 3-23 是外观示意图。由图可以看出,SYNRAD48-1 是风冷激光器,在其前面、后面和侧面有各类端口、指示灯和开关,使用时必须正确连接。

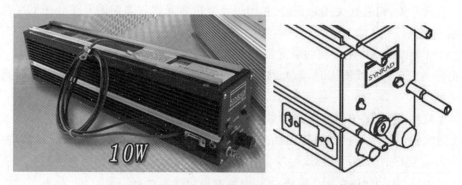

图 3-22　SYNRAD48-1 射频激励 CO_2 激光器外观图

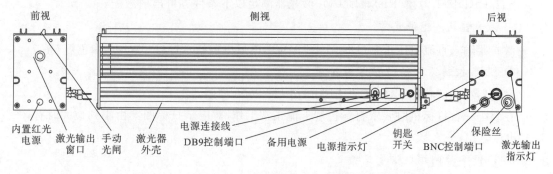

图 3-23　SYNRAD48-1 射频激励 CO_2 激光器外观示意图

2) SYNRAD48-1 射频(RF)激励 CO_2 激光器前面端口识别

(1) 内置红光电源:激光器内部提供一个 5 V@100 mA 的电源,可以供给半导体红光指示器使用。

(2) 激光输出窗口:在激光输出窗口的光斑是方形,大约距窗口 1 m 处变为圆形。

(3) 手动光闸:激光开启时应打开手动光闸,否则无激光输出。激光器长期不使用时应关闭光闸,保护激光器内部不进灰尘。

3) SYNRAD48-1 射频(RF)激励 CO_2 激光器侧面端口识别

(1) 激光器外壳:做成栅格状,有利于散热。

（2）电源连接线：激光器电源输入线，红色为电源正极，黑色为电源负极。电源为30～32 V直流电源，激光器额定电流不得小于7 A。

（3）DB9控制端口：DB9控制端口主要用来输入和输出外接信号，主要是开关信号，如钥匙开关、行程开关、光电开关等以实现激光器的自动控制。

DB9控制端口各引脚定义及具体应用将以案例的方式来说明。

（4）备用电源：提供一个30 V@350 mA的电源，以供给UC-2000控制器使用，UC-2000是SYNRAD公司用来测试激光器的专用控制器。

4）SYNRAD48-1射频（RF）激励CO_2激光器后面端口识别

（1）电源指示灯：当钥匙开关旋至ON位置时，电源指示灯亮（绿色），表示激光器内部电路供电正常。

（2）钥匙开关：钥匙开关用来开启、关闭以及复位激光器。当钥匙开关处于ON位置时，钥匙不能拔出。

（3）BNC控制端口：用来接收激光器的外部射频控制信号，也就是打标信号。

当信号为+5 V持续输入时，激光器处于连续输出状态。当信号为0 V输入时，激光器处于关闭状态。

（4）保险丝：用于保护内部电路和激光器，最大电流为10 A。

（5）激光输出指示灯：当射频控制信号输入时，经过5 s延时，激光输出指示灯将亮起并随控制信号占空比的增加而变亮。

3. SYNRAD48-1射频（RF）激励CO_2激光器出射激光条件

SYNRAD48-1射频（RF）激励CO_2激光器满足以下条件方可出射激光。

1）激光器输入电源正常

激光器输入直流电压正常（DC 31±1 V），上电后电源指示灯（POWER，绿色灯）亮。

2）BNC控制端口有Q信号输入

激光器在测试状态下，BNC控制端口接UC-2000控制器。

在装配一台打标机时要求打标控制卡能正常工作，对应于打标图案由小到最大时有3～5 V电压输出。

3）DB9各控制端口信号正确

注：激光器上电后绿色LED常亮，打标时红色LED灯亮。

激光器出光条件如图3-24所示，若满足要求，激光器可以出光。

4. 射频（RF）激励CO_2激光器功率控制方式案例

1）射频激励CO_2激光器功率控制方式

射频激励CO_2激光器使用脉宽调制（pulse width modulation，PWM）方式控制激光器的平均功率，由于射频激励CO_2激光器工作时的重复频率很高，它的峰值功率趋近于平均功率。

2）PWM原理

图3-25是使用PWM方式控制激光器的平均功率的简单电路示意图。

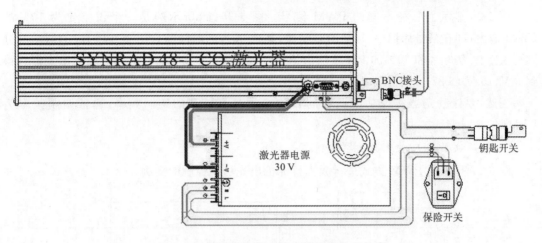

图 3-24　射频激励 CO_2 激光器出射激光条件

图 3-25　PWM 方式控制激光器平均功率示意图

　　图中使用 30 V 直流电源来给 CO_2 激光器供电。当开关单次闭合或松开时，CO_2 激光器处于直流工作或非工作状态，发出或终止连续激光，这就是前面讲到的 CO_2 激光器直流激励方式。

　　如果将连接直流电源和 CO_2 激光器的开关改为高频重复开关，如开关闭合 50×10^{-3} ms 再将开关断开 50×10^{-3} ms，开关闭合的时间内激光器将得到 30 V 供电，开关松开的时间内激光器得到的供电将为 0 V。

　　如果在 1 s 内将此过程重复 10000 次，CO_2 激光器将会像连接到了一个 15 V 直流电源上一样（30 V 的 50%）近似连续工作，此时占空比为 50%，调制频率为 10^4 Hz。

　　改变开关闭合和断开的时间比例（占空比），CO_2 激光器将会像连接到了一个不同电压的直流电源上一样近似连续工作，实现了用调节控制信号占空比的方法达到改变激光器功率的目的，如图 3-26 所示。

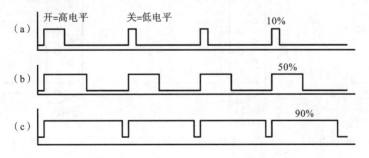

图 3-26　占空比与激光器功率控制

图 3-26 显示了三种不同的 PWM 信号。图 3-26（a）所示的是一个占空比为 10％的 PWM 输出，即在信号周期中，10％的时间通，其余 90％的时间断。图 3-26（b）、（c）所示的分别是占空比为 50％和 90％的 PWM 输出信号。假设供电电源为 30 V，则对应的激光器将得到 3 V、15 V 和 27 V 的供电电压。

当然，要让激光器实现功率调节的目的必须具有较高的调制频率，通常调制频率为 1 kHz～200 kHz 之间。

3）射频激励 CO_2 激光器功率控制方式案例

图 3-27 是采用 PWM 方式进行激光打标机出光功率控制的案例。

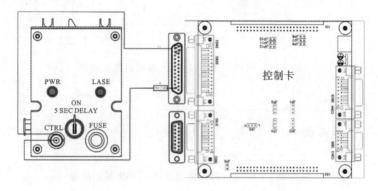

图 3-27　PWM 激光打标机连接方式

激光器功率控制 PWM 信号从控制卡的 DB25 控制端口输出到 BNC 控制端的正、负极，有电平和差分输出两种方式，电平输出又有高、低电平两种方式，如图 3-28 所示。

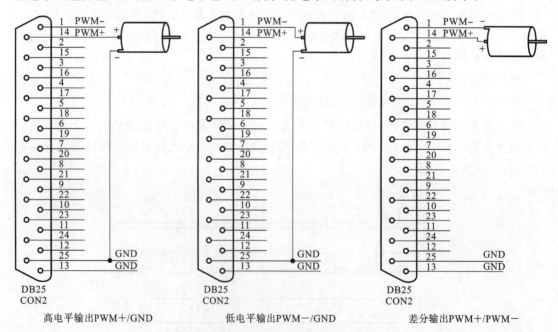

图 3-28　激光器功率控制 PWM 信号连接方式

3.2　激光打标机控制系统知识

3.2.1　工控机知识

工控机(industrial personal computer,IPC)是专为工业控制而设计的计算机,在激光打标机中主要连接打标控制卡,是激光打标机的控制中心。

1.工控机器件组成

1)工控机外形结构知识

从前面看,未开锁的工控机有前散热窗、钥匙开关和盖板,扭动钥匙开关打开盖板,可以看到电源开关、重启开关、键盘开关、USB输出端口及光驱等部件。从后面看,主要是各类板卡的输出端口,如 USB、VGA、CON1、CON2 及 Printer 等,如图 3-29 所示。

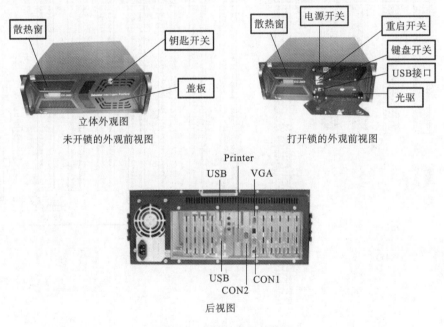

图 3-29　工控机外形结构图

2)工控机内部器件知识

(1)主要器件概述。

工控机内部主要器件有光驱、硬盘、底板、主板、风扇和电源等,如图 3-30 所示。

(2)工控机底板功能。

图 3-31 是某型号工控机底板各接口位置示意图。

工控机以总线结构形式设计了多插槽的底板,在底板槽中插入包括打标控制卡在内的各种功能板卡,如 CPU 卡、显示卡、控制卡、I/O 卡等。

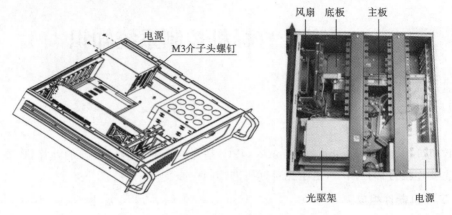

图 3-30 工控机内部结构图

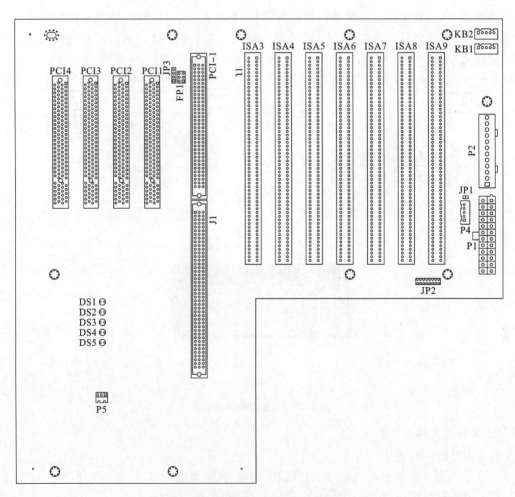

图 3-31 某型号工控机底板接口位置示意图

　　图中的 ISA3-9 插槽是基于 ISA 总线（industrial standard architecture，工业标准结构总线）的扩展插槽，颜色一般为黑色，早期打标控制卡常做成 ISA 卡，其缺点是 CPU 资源占用太高,数据传输带宽太小。

图中的 PCI1～4 插槽是基于 PCI 局部总线(peripheral component interconnection,周边元件扩展接口)的扩展插槽,颜色一般为乳白色,位于主板上 AGP 插槽的下方,ISA 插槽的上方。

想一想:底板上 PCI、ISA 插槽在功能上有什么不同,与 USB 接口有什么区别?

做一做:试着插拔底板上 PCI、ISA 插槽的板卡,注意不要损坏板卡和插槽。

(3) 工控机主板功能。

图 3-32 是某型号工控机主板各接口位置示意图。

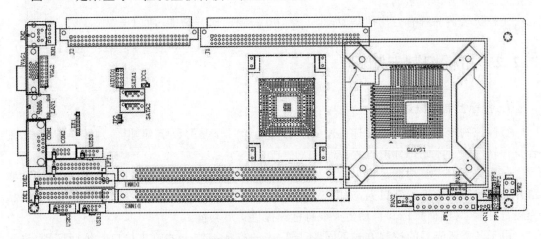

图 3-32 某型号工控机主板接口位置示意图

主板上除了 CPU 以外,主要是各类接口,如串行 ATA 接口、并行 IDE 接口、串行通信口 COM、网络接口 ACTLED LILED、键盘和鼠标接口 KM2、键盘扩展接口 KM1、USB 接口、显示接口 VGA1、音频接口 AUDIO1、IrDA/红外接口、无线通信接口 IR1、风扇接口 FAN1、ATX 电源接口 PW1、12 V 电源接口 PW2、前面板按钮指示灯 FP1、电源指示灯 FP2、扬声器输出接口 FP3、EPI 接口 J1 等。

目前,研祥(EVOC)智能科技股份有限公司的工控机在国内工控机市场上占有率较高。

2. 工控机选型原则

1) 根据使用空间大小

工控机安装在不同的设备上,首先要根据设备总体安装尺寸的大小选择产品规格。

工控机安装尺寸高度用 U 来表示,从 1 U 到 7 U 不等(1 U＝4.45 cm),体积更小的无风扇嵌入式工控机长仅为十余厘米,也有功能更为复杂的工作站。

2) 根据现场安装方式

工控机安装方式可分为壁挂式、机架式、台式、嵌入式等,同时,也要考虑出线方式以避免接线困难,如前出线、后出线等。

3) 根据环境需求

工控机能够应用于恶劣的环境,如超高或超低的温度、高粉尘、高振动等场合。在选择工控机时要仔细察看其参数,如操作温度、存储温度等是否能够满足应用环境的需求。

4）根据技术参数

工控机处理器、存储、内存、软件等配置要根据打标机的需求选择。

5）根据可扩展性

要考虑工控机的接口类型需要哪些，是否有 RS-232/485、CPCI、USB、Profinet 等种类的接口，如果购买的不是工控机整机而是组装机，注意在选择板卡的时候考虑接口问题。

6）根据品牌

工控机是打标机的核心部件，稳定性、可靠性、质量等直接影响到整个打标机的质量，品牌也是重要的考虑因素。

工控机著名品牌有台湾研华、华北工控、祈飞科技、研祥智能、西门子等。

3.2.2 打标控制卡知识

1. 打标控制卡概述

打标控制卡是针对激光打标机所要求的功能专门开发的数字/模拟信号转换控制卡，配合打标软件用于激光打标的过程控制。

打标控制卡主要功能是将工控机处理好的信号按要求输出到振镜、激光器、Q 电源和脚踏开关等控制对象输入端口上，如图 3-33 所示。打标控制卡上一般还预留有功能扩展接口，为飞行打标、大幅面打标和自动生产线打标等提供扩展功能。

由于各类激光器的控制方式不同，不同厂家的打标控制卡的输出接口有细微区别，许多厂家的打标控制卡可以同时满足不同激光器的控制要求。

根据数据传输形式的不同，打标控制卡有 ISA、PCI、USB 等多种接口类型，还有可能朝无线传输的方向发展。

使用时注意不要直接去碰金手指和电子元件，汗液及污渍会造成金手指接触不良，身上的静电会击穿电子元件使卡损坏。

2. 金橙子 USB-SZLMC 打标控制卡功能分析

1）金橙子 USB-SZLMC 打标控制卡外观

USB-SZLMC 打标控制板卡外观由上、下两块 PCB 板卡组成，上板称为主板，主板上有 CON1、CON2、CON3、CON4 等四个主要接口，还有 USB 接口端和状态指示灯，如图 3-34 所示。

下板称为接口板，接口板针对不同的应用分为三类：光纤接口板（IPG）、通用数字接口板、通用模拟接口板。其中，通用数字接口板还带一块数字转换板。

主板通过两个 50 针插座与接口板相连。

想一想：光纤接口板（IPG）、通用数字接口板、通用模拟接口板各适用什么打标机？

做一做：观察并记录 CON1、CON2、CON3、CON4 端口的针数。

2）金橙子 USB-SZLMC 打标控制卡端口功能

（1）CON1 端口：CON1 是振镜控制信号输出端口，共有 15 个引脚，其中除了 7 号引脚没有定义外，其他各引脚定义如图 3-35 和表 3-2 所示。

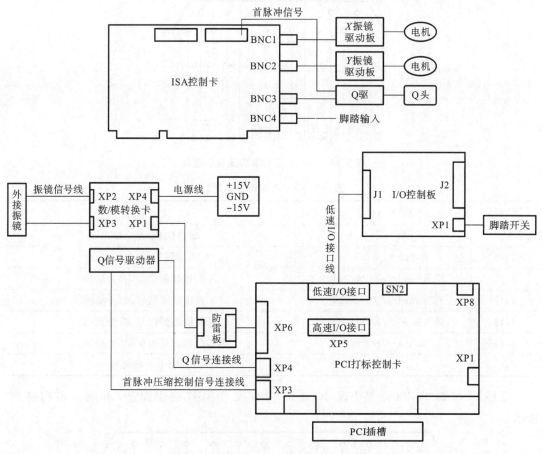

图 3-33 ISA/PCI 打标控制卡功能示意图

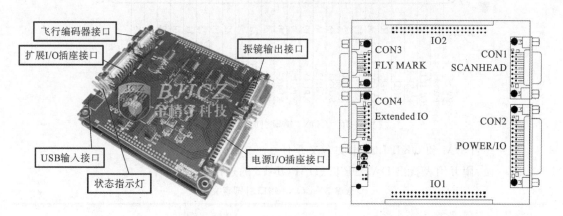

图 3-34 USB-SZLMC 打标控制卡外观与功能示意图

对于常用的二维振镜,只需要连接 CLK 时钟、sync 同步、XChannel、Ychannel 四组信号共八根信号线即可,数字信号建议采用双绞线(如常用的网线)连接。

想一想:SCANHEAD 的中文含义是什么?

做一做:用万用表找出 X 振镜、Y 振镜的连接端口。

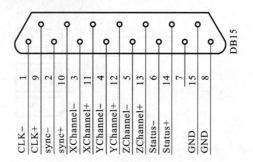

图 3-35　CON1 端口引脚定义示意图

表 3-2　CON1 端口引脚定义

引脚号	信 号 名 称	说　　明
1,9	CLK−/CLK+	时钟信号，差分输出
2,10	sync−/sync+	同步信号，差分输出
3,11	XChannel−/XChannel+	X 振镜数据信号，差分输出
4,12	YChannel−/YChannel+	Y 振镜数据信号，差分输出
5,13	ZChannel−/ZChannel+	Z 振镜数据信号，差分输出
6,14	Status−/Status+	振镜的状态反馈信号，差分输入
8,15	GND	控制卡的参考地

（2）CON2 端口：CON2 是电源/IO 端口，共有 25 个引脚，各引脚定义如图 3-36 和表 3-3 所示。

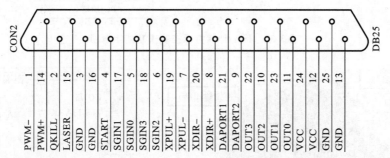

图 3-36　CON2 端口引脚定义示意图

想一想：PWM 和 QKILL 的中文含义是什么？

做一做：用万用表找出 DAPORT1、DAPORT2 的连接端口。

表 3-3　CON2 端口引脚定义

引脚号	信 号 名 称	说　　明
1,14	PWM−/PWM+	对于 CO_2 激光器，本信号用于设置激光器的功率，同时也作为 Tickle 信号输出。 对于 YAG 激光器，本信号作为重复频率信号用于 Q 驱动器
2	QKILL	首脉冲抑制信号，TTL 输出，参考地信号为 GND

续表

引脚号	信号名称	说　明
3,13,16,25	GND	控制卡的参考地。控制卡 5 V 输入电源的参考地。 数字接口板上 CON2 插座所有其他信号的参考地
4	START	开始信号,与 GND 信号组成回路。 使用此信号时与 GND 信号分别连接至开关的两端。 本信号为输入信号
5,6 17,18	SGIN0/SGIN2 SGIN1/SGIN3	通用输入信号 0~3,与 GND 信号组成回路。使用此信号时,将此信号与 GND 信号分别连接至开关的两端即可。本信号为输入信号
7,19	XPUL－/XPUL＋	扩展轴 X(步进电机或伺服电机)的脉冲信号,输出方式可以设置为差分 输出或者共阳输出(TTL 输出)。 本信号为输出信号
8,20	XDIR＋/XDIR－	扩展轴 X(步进电机或伺服电机)的方向信号,输出方式可以设置为差分 输出或者共阳输出(TTL 输出)。 本信号为输出信号
9	DAPORT2	频率控制信号/首脉冲抑制信号。 本信号为 0~5 V 模拟信号,最大驱动电流为 5 mA。 软件中可对本信号进行设置,与 GND 信号组成回路
10,11 22,23	OUT2/OUT0 OUT3/OUT1	通用输出信号 0~3,以 GND 信号作为参考地。 本信号为输出信号
21	DAPORT1	激光功率控制信号。 本信号为 0~9.5 V 模拟信号,最大驱动电流为 5 mA。与 GND 信号组成回路
12,24	VCC	5 V 输入电源的正极性端。本信号为输入信号

（3）CON3 端口:CON3 是飞标编码器端口,共有 9 个引脚,各引脚定义如图 3-37 和表 3-4所示。

想一想:ACODEN 和 ACODEP 的中文含义是什么?

做一做:用万用表找出 VCC、GND 的连接端口并测量其数值。

表 3-4　CON3 端口引脚定义

引脚号	信号名称	说　明
1	IN8	通用输入信号 8。与 GND 信号(9 脚)组成回路。使用此信号时,将 此信号与 GND 信号分别连接至开关的两端即可
2,6	IN9＋/IN9－	TTL 输入信号,内部为 1 kΩ 的限流电阻。 如果电压高于 12 V,建议外接限流电阻。 请参考 IN9 接口示意图
3,7	BCODEN/BCODEP	编码器的 B 相输入信号,差分输入
4,5	ACODEP/ACODEN	编码器的 A 相输入信号,差分输入
8	VCC	控制卡的 5 V 电源输出
9	GND	控制卡的参考地,作为 8 脚、1 脚的回路信号

(4) CON4 端口:CON4 是扩展 I/O 接口,共有 15 个引脚,各引脚定义如图 3-38 和表 3-5 所示。

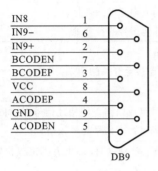

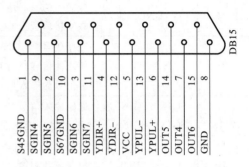

图 3-37　CON3 端口引脚定义示意图　　　　图 3-38　CON4 端口引脚定义示意图

表 3-5　CON4 端口引脚定义

引脚号	信 号 名 称	说　　　　明
1	S45GND	通用输入信号 4、5 的负极性端
2,9	SGIN5/SGIN4	通用输入信号 4、5 的正极性端,内部为 330 Ω 限流电阻。如果电压高于 12 V,建议外接限流电阻。请参考 IN9 接口示意图
3,11	SGIN6/SGIN7	通用输入信号 6、7 的正极性端,内部为 330 Ω 限流电阻。如果电压高于 12 V,建议外接限流电阻。请参考 IN9 接口示意图
4,12	YDIR+/YDIR−	扩展轴 Y(步进电机或伺服电机)的脉冲信号,输出方式可以设置为差分输出或者共阳输出(TTL 输出)。本信号为输出信号
5	VCC	控制卡的 5 V 电源输出,以 GND 信号(8 脚)作为参考地
6,13	YPUL+/YPUL−	扩展轴 Y(步进电机或伺服电机)的脉冲信号,输出方式可以设置为差分输出或者共阳输出(TTL 输出)。本信号为输出信号
7,14 15	OUT4/OUT5 OUT6	通用输出信号 0~3,以 GND 信号(8 脚)作为参考地。本信号为输出信号
8	GND	5,7,14,15 脚的参考地
10	S67GND	通用输入信号 6、7 的负极性端

想一想:YPUL+/YPUL−的中文含义是什么?

做一做:用万用表找出 YDIR+/YDIR−的连接端口。

3) USB-SZLMC 打标控制卡跳线设置

打标控制卡上跳线设置的目的是调整各接口信号的通断关系,以调节打标机的初始工作状态。USB-SZLMC 打标控制卡共有 12 个跳线设置端口,各跳线位置和定义如图 3-39 和表 3-6 所示,表 3-7 所示的是出厂默认设置。

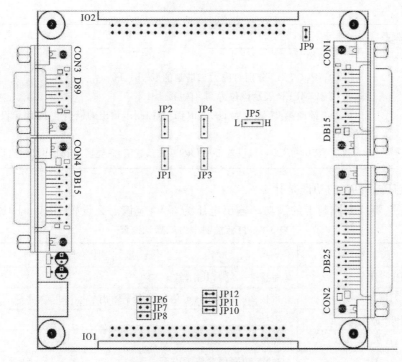

图 3-39　初始跳线位置示意图

表 3-6　跳线位置功能说明表

编号	针脚数	说　　明
JP1	3	扩展轴的方向/脉冲信号设置
JP2		JP1 和 JP3 设置方向信号,JP2 和 JP4 设置脉冲信号
JP3		JP3 和 JP4 对应扩展轴 Y,JP1 和 JP2 对应扩展轴 X
JP4		短接 JUMPER 的 1—2 脚时,方向/脉冲信号为差分输出,将控制卡的 DIR－、DIR＋、PUL－、PUL＋ 分别对应连接到步进驱动器的 DIR－、DIR＋、PUL－、PUL＋
		短接 JUMPER 的 2—3 脚时,方向/脉冲信号为共阳输出,将控制卡的 VCC、DIR＋、PUL＋ 分别对应连接到步进驱动器的 VCC、DIR、PUL
JP5	3	设置激光开关信号 Laser 为高电平有效或者低电平有效
		短接 JUMPER 的 1—2 脚时为低电平有效
		短接 JUMPER 的 2—3 脚时为高电平有效
JP6	2	板卡索引号 0~7 是在多块卡同时工作时,区分不同的板卡
JP7		JP8,JP7,JP6 分别对应为二进制的 b2、b1、b0
JP8		短接 JUMPER 表示该位为 0,不短接为 1
JP9	2	振镜的数字信号是否采用扩展编码
		短接 JUMPER 表示振镜数据直接输出
		不短接表示使用带扩展编码的数字接口协议

续表

编号	针脚数	说　　明
JP10 JP11 JP12	2	功率预置 JP10、JP11、JP12 分别对应为二进制的 b2、b1、b0 短接 JUMPER 表示该位为 0，不短接为 1 CON2 插座第 21 脚信号 DAPORT1 为控制卡输出的模拟电压，用于设置激光电源的功率 通过 JP10～JP12 可以设置 DAPORT1 的预置值，只要控制卡上电即输出指定的电压

想一想：JP6～JP8 的功能是什么？

做一做：想要打标控制卡的满功率输出电压为 3 V，应该怎么设置 JP10～JP12？

表 3-7　打标控制卡出厂默认设置

引　脚　号	说　　明
JP1～JP4	短接 2—3 脚，共阳输出
JP5	短接 2—3 脚，Laser 信号高电平输出
JP6～JP8	不接
JP9	短接
JP10～JP12	短接，功率预置值为 0 V
JP13、JP14	短接 2—3 脚，单端输出

想一想：JP1 和 JP4 的中文含义是什么？

做一做：将 JP1、JP2 与 JP3、JP4 互换位置，观察会有什么现象发生。

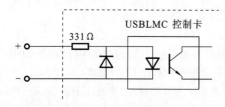

图 3-40　CON2 IN4～IN7 及 IN9 的接口电路示意图

4）USB-SZLMC 打标控制卡硬件连线说明

（1）I/O 接口说明如下。

① CON2 电源/IO 接口：CON2 电源/IO 接口上的 IN4～IN7、IN9 接口用来输入信号，其电路示意图以及推荐的连接方案如图 3-40 所示。

② CON1 振镜接口：CON1 振镜控制信号端口与 USB-SZLMC 打标控制卡的典型连接方式如图 3-41 所示。

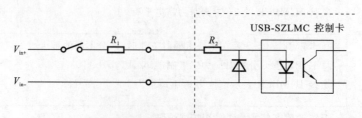

图 3-41　通用输入信号 IN4～IN7 及 IN9 推荐的连接方案

其中，对于通用输入信号 IN4～IN7，$R_2 = 330\ \Omega$；对于 IN9，$R_2 = 1000\ \Omega$。

外部电源 V_{in} 需要选用适当的输入电压，以确保输入电流在 10～15 mA 之间。如果输入电压大于 12 V 时,建议在控制卡外串接限流电阻 R_1。

选择输入电流为 12 mA,则输入电阻 R_1 的计算方法如下:

$$R_1 = \left(\frac{V_{in}}{12} - 1\right) \times R_2$$

③ CON2 电源/IO 接口上的通用输入信号 IN0～IN3、IN8 的接口电路示意图以及推荐的连接方案分别如图 3-42、图 3-43 所示。

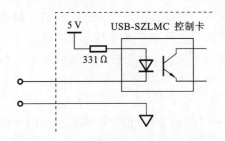 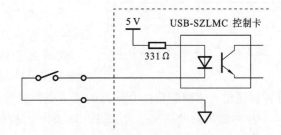

图 3-42 通用输入信号的接口电路示意图　　**图 3-43 通用输入信号推荐的连接方案**

对于其他输入信号只需要在外部提供一个开关即可,该开关的接触电阻小于 100 Ω。

想一想:CON2 电源/IO 接口为什么要串接电阻?

做一做:试计算串接电阻的大小。

(2) PWM 信号连接:PWM 信号可以接成差分输出方式,也可以接成电平驱动方式,图 3-44 是高、低电平的两种连接方式示意图。

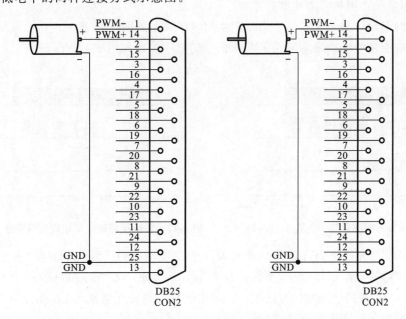

(a) 高电平输出:PWM+/GND　　(b) 低电平输出:PWM−/GND

图 3-44 PWM 信号电平的两种输入方式

想一想:高、低电平的两种连接方式有什么不同?

做一做:检查样机的 PWM 信号端口是哪种连接方式。

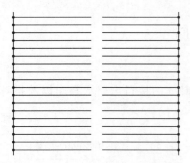

图 3-45 "火柴头"效应示意图

（3）首脉冲抑制信号（FPK）的功能与设置如下。

① "火柴头"效应：在激光加工过程中，由于受到器件工作原理和加工工艺参数等多重因素的影响，工件会在加工初始阶段或结束阶段出现加工不匀的现象，如图 3-45 所示。由于这类现象类似于火柴头，我们形象地称这种现象为"火柴头"效应。

② 消除"火柴头"效应方法：消除"火柴头"效应可以从器件的工作原理和加工工艺参数等多重因素来考虑。

对于各类脉冲激光器而言，由于脉冲激光的能量与脉冲抑制信号的幅值或脉宽存在对应关系，所以发送一个首脉冲抑制信号来限制第一个脉冲的能量成为常用的做法。

③ 两种首脉冲抑制信号：USB-SZLMC 打标控制卡可输出 TTL 信号和模拟信号两种首脉冲抑制信号。

● TTL 首脉冲抑制信号：TTL 信号是晶体管-晶体管逻辑（transistor transistor logic）电平信号的简称，+5 V 等价于逻辑"1"，0 V 等价于逻辑"0"，是激光设备控制系统内部信号传输的主要方式。

TTL 首脉冲抑制信号是从 USB-SZLMC 打标控制卡 CON2 端口的 2 脚——QKILL 端输出，该信号 FPK 与激光开关信号 Laser、脉宽调制信号 PWM 的时序关系可以通过软件设定，根据实际情况选用相应的抑制方式。

首脉冲抑制信号与 PWM 信号同时产生的时序关系如图 3-46 所示。

首脉冲抑制信号结束之后输出 PWM 信号的时序关系如图 3-47 所示。

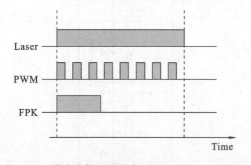

图 3-46 首脉冲抑制信号与 PWM 信号同时产生

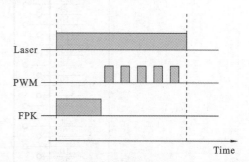

图 3-47 首脉冲抑制信号结束之后输出 PWM 信号

对于 YAG 激光设备而言，PWM 信号就是给 Q 驱动器的重复频率信号。

● 模拟首脉冲抑制信号：模拟首脉冲抑制信号从 USB-SZLMC 打标控制卡 CON2 端口的 9 脚——DAPORT2 端输出，与模拟（频率）输出口共用一个管脚，可在软件中设定该管脚作为首脉冲抑制信号或者重复频率设置信号。

模拟首脉冲抑制信号输出波形如图 3-48 所示。

模拟首脉冲抑制信号需要在软件中设定 4 个参数，其含义如下：

V_1：模拟首脉冲抑制信号的最大电压；

V_0：模拟首脉冲抑制信号的最小电压；

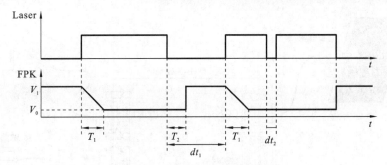

图 3-48 模拟首脉冲抑制信号

T_1：模拟首脉冲抑制信号从最大电压变化到最小电压的时间；

T_2：模拟首脉冲抑制信号输出的最小时间间隔。

由图 3-48 可知，当激光关断时间 $dt_1 > T_2$ 时，再次输出激光时模拟首脉冲抑制信号生效，但是当激光关断时间 $dt_2 < T_2$ 时，不进行首脉冲抑制。

图 3-48 给出的首脉冲抑制信号是由高变低，可通过软件设置为由低变高。

想一想：FPK、TTL 的中文含义是什么？

做一做：用万用表查找 TTL 首脉冲抑制信号的连接端口。

（4）START 信号连接与设置：START 信号的连接只需要提供一个开关（如脚踏开关）连接到 USB-SZLMC 打标控制卡相应的管脚上即可工作，如图 3-49 所示。

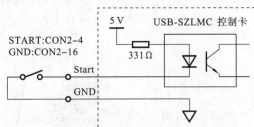

图 3-49 START 信号的连接方案

想一想：START 信号是从打标控制卡的哪一个端口接入？

做一做：用万用表查找 START 信号的连接端口。

5）数字接口 USB-SZLMC 打标控制卡的典型连接方案

图 3-50 所示的是数字振镜式激光打标机电气控制系统的典型连接方案。

如果是模拟振镜式激光打标机的电气控制系统，必须连接数/模信号转换板（D/A 板）转成模拟信号输出连接到模拟振镜，如图 3-51 所示。

脚踏开关和旋转编码器根据实际情况来决定是否需要连接，如果不使用飞标功能，就无需连接旋转编码器，所以 CON3、CON4 及 IO1、IO2 在本例中未使用。

想一想：数字振镜和模拟振镜有什么不同？

做一做：查找生产数字振镜和模拟振镜主要有哪些生产厂家？

3. 振镜信号数/模转换卡知识

1）振镜信号数/模转换卡外观

图 3-52 是某种振镜信号数/模转换卡接口功能示意图，其基本端口结构如下：

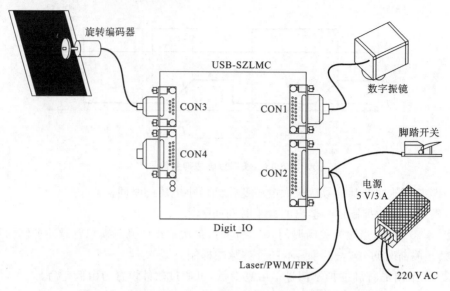

图 3-50 数字振镜式激光打标机控制系统的典型连接方案

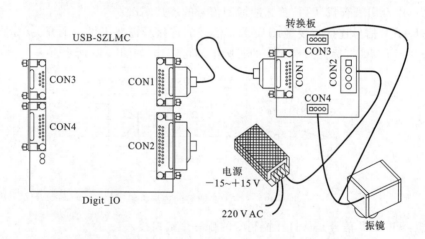

图 3-51 模拟振镜式激光打标机控制系统的典型连接方案

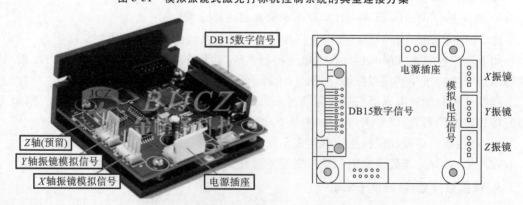

图 3-52 振镜信号数/模转换卡接口功能示意图

（1）两路振镜数字信号输入端口 CON1，一共 15 针；

（2）外部输入电源端口 CON2，一共 4 接线柱；

（3）两路振镜模拟信号输出端口 CON3、CON4，一共 4 接线柱。

2）振镜信号数/模转换卡端口功能分析

（1）振镜数字信号输入端口 CON1。

CON1 端口与 USB-SZLMC 打标控制卡上的振镜输出信号端口 CON1 连接。

为了保证信号传输过程中的稳定和抗干扰，可以采用柔性扁平排线（flexible flat cable）连接两端，排线是一种采用 PET 或其他绝缘材料和极薄的镀锡扁平铜线通过压合而成的数据线，具有随意弯曲折叠、连接简单、拆卸方便、易解决电磁屏蔽（EMI）等优点。

排线主要有两端圆头（简称 R-FFC，用于直接焊接）和两端扁平（简称 FFC，用于插入插座）两种，如图 3-53 所示。

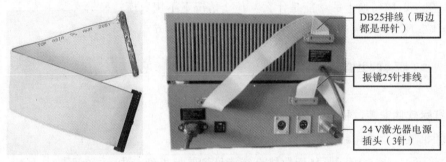

图 3-53　扁平排线连接示意图

（2）振镜信号数/模转换卡输入电源端口 CON2：振镜信号数/模转换卡需要连接到外部开关电源供电，电源电压在 ±15 V 才能正常工作，波动范围为 ±12～±15 V，最大工作电流为 500 mA，如图 3-54 所示。

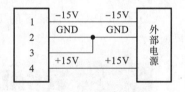

图 3-54　数/模转换卡电源连接示意图

（3）振镜模拟输出信号端口 CON3、CON4。

① 信号的单端接线和差分接线方式：信号在传输过程中必须存在参考点，信号参考点为地的信号称为单端信号，信号参考点为另一导线的称为差分信号。

与之对应的信号连接方式有单端接线和差分接线方式。

单端接线的优点是节省费用，连接方便，大部分的低频电平信号都是使用单端信号进行传输的，主要缺点是抗干扰能力差。

差分接线由于两个信号都是相对于地的，两根线之间电压差发生变化小，信号质量高。

② 振镜模拟输出信号的单端接线和差分接线方式：振镜模拟输出信号端口 CON3、CON4 的单端接线和差分接线方式如图 3-55 所示，单端接线，连接 1、3 脚，电压为 ±5 V。差分接线，连接 3、4 脚，电压为 ±10 V。应根据振镜的具体情况选择适合的接法。

值得注意的是，数/模转换卡振镜模拟输出信号默认的是单端接法，振镜模拟电压输出默认为 ±5 V，差分接法的输出电压是单端接法的输出电压的两倍。

只有在确认振镜为差分接口的情况下，才考虑使用差分接法，否则容易导致板卡损坏。

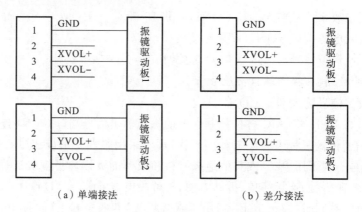

（a）单端接法　　　　　　　　　　　（b）差分接法

图 3-55　振镜控制信号的两种接法

想一想：数/模转换卡的功能是什么？什么情况下不用数模转换卡？

做一做：判断本振镜数/模转换卡采用的是哪种连接方式。

3.2.3　打标软件知识

1. 打标软件安装过程

1）USB-SZLMC 打标软件安装启动过程

（1）将 EzCad2.6 国际版打标软件直接拷贝到工控机硬盘中，去除硬盘中 EzCad 目录下的所有文件及子目录的只读属性。

（2）双击 EzCad 目录下的 EzCad2.exe 文件，运行程序，得到如图 3-56（a）所示的启动界面。

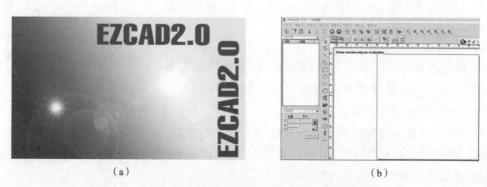

（a）　　　　　　　　　　　　　　　（b）

图 3-56　软件启动界面及 EzCad2.0 系统进入演示模式示例

如果没有安装软件加密狗，则软件启动结束后界面上会弹出"Demo version only for evaluation"一行英文字母，如图 3-56（b）所示。这是提示用户"系统无法找到加密狗，将进入演示模式"，在演示模式下用户只能对软件进行评估而无法进行加工和存储文件。

此时我们要安装 USB 加密狗及其驱动程序，打标软件才能正常工作。

注意：最新版本的打标卡采用了板卡加密的方式，所以不需要加密狗。

如果工控机找不到打标控制卡，一般是需要安装打标控制卡的驱动程序，简要过程如下。

2) USB-SZLMC 打标控制卡驱动安装启动过程(Windows XP)

(1) 把 USB-SZLMC 打标控制卡连接在工控机的 USB 接口上,开启工控机,打开"我的电脑",右击属性→硬件→设备管理器,如图 3-57(a)所示。

(2) 在设备管理器中找到黄色问号图标(BJJCZ Device),右击更新驱动程序,如图 3-57 (b)所示。

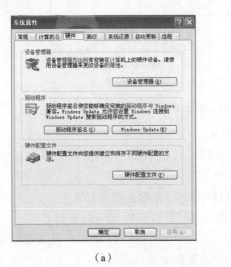
(a)

(b)

图 3-57   打标控制卡驱动安装启动过程步骤 1、2 示意图

(3) 选择从列表指定位置安装,如图 3-58(a)所示。

(4) 找到该驱动文件单击"下一步"按钮,如图 3-58(b)所示。

(a)

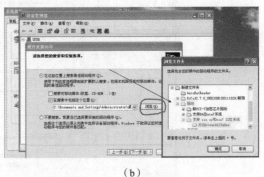
(b)

图 3-58   打标控制卡驱动安装启动过程步骤 3、4 示意图

(5) 安装驱动之前确保 USB 与计算机连接,打开激光器后面钥匙开关。打开软件前插入对应激光器加密狗,单击"完成"按钮,打标控制卡硬件安装启动过程结束,如图3-59(a)所示。

(6) 如果这个过程顺利执行,将会显示图 3-59(b)所示的界面。

(7) 安装打标软件 USB 加密狗及其驱动程序。

USB 加密狗外形如图 3-60 所示,其驱动程序的安装过程与打标控制卡驱动程序的安装

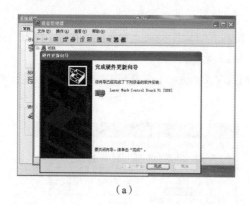（a）

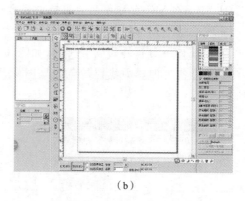（b）

图 3-59 打标控制卡驱动安装启动过程步骤 5、6 示意图

图 3-60 打标软件 USB 加密狗实物图

过程类似，这里不再赘述。

（8）打标软件安装结束后显示图 3-61 所示的界面，这时就可以进入打标软件设置状态。

想一想：打标控制卡驱动程序的本质是什么？

做一做：安装 USB-SZLMC 打标控制卡的驱动程序。

想一想：将 demo version only for evaluation 英文翻译成中文。

做一做：安装 USB 加密狗的驱动程序。

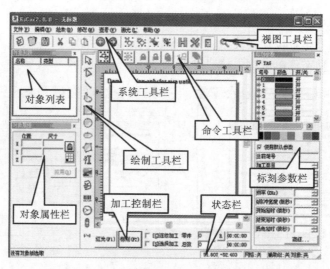

图 3-61 打标软件安装启动后的界面

2. 打标软件激光参数设置

1）认识激光参数设置界面

打标软件正确安装以后，单击主界面上的"参数"按钮，将弹出激光参数设置界面，如图 3-62 所示。正确设置此界面参数，打标机的激光器才能正常工作。

2）激光器类型设置

根据所选用的激光器类型选择相应的设置，如图 3-63 所示的 CO_2 激光器。

CO_2：表示当前激光器类型为 CO_2 激光器；

YAG：表示当前激光器类型为 YAG 激光器；

Fiber：表示当前激光器类型为光纤激光器；

SPI-G3：表示当前激光器类型为 SPI 光纤激光器。

注意：如果选择 Fiber 后，会在右边出现多种主流光纤激光器类型的对话框，如 IPG、QUANTEL、Raycus、MAX 等，并显示激光器相应的频率范围和 MO 延时，如图 3-64 所示。

3）PWM 信号设置

PWM 信号设置对话框的主要功能是给使用脉宽调制控制方式的激光器提供信号，如图 3-65 所示。

（1）使能 PWM 信号输出。

使能控制卡的 PWM 信号输出，具体包括以下两个参数。

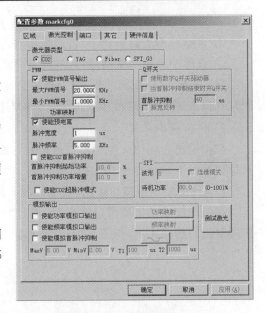

图 3-62　激光参数设置界面

图 3-63　激光器类型设置示意图

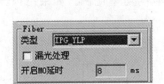

图 3-64　光纤激光器类型设置示意图

图 3-65　PWM 信号设置示意图

① 最大 PWM 信号频率：PWM 信号的最大频率，由所使用的激光器说明书提供。

② 最小 PWM 信号频率：PWM 信号的最小频率，由所使用的激光器说明书提供。

（2）使能预电离：有些厂家的 CO_2 激光器需要使能预电离信号才能正常工作，如 SYNRAD 公司的激光器，具体包括以下两个参数。

① 脉冲宽度：预电离信号的脉冲宽度，由所使用的激光器说明书提供。

② 脉冲频率：预电离信号的脉冲频率，由所使用的激光器说明书提供。

（3）使能 CO_2 首脉冲抑制：此功能是为了解决在 CO_2 激光器打标时，激光功率太强或者间隔时间较长，激光能量积蓄较多，在开始标刻时引起"火柴头"的现象，具体包括以下两个参数。

① 首脉冲抑制起始功率:首脉冲功率的最小值。

② 首脉冲抑制功率增量:首脉冲功率增加速度。

(4) 使能CO_2超脉冲模式:勾选后会在加工参数中出现点间距,软件将根据设置的点间距计算振镜速度,用这种速度标刻,使标刻出来的点之间的距离满足设置。

4) 模拟输出设置

模拟输出主要用来控制模拟量控制方式的激光器,大量的激光器都采用这种控制方式,具体包括以下三个参数,如图3-66所示。

(1) 使能功率模拟口输出:使能控制卡的功率模拟口信号输出。

在勾选使能功率模拟口输出时,通过"功率映射"按钮可以设置用户定义的功率比例与实际对应的功率比例,如图3-67(a)所示。

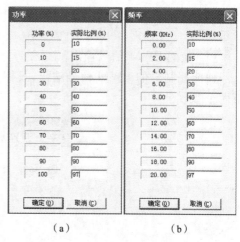

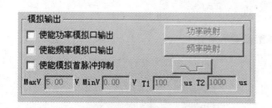

图 3-66　模拟输出设置示意图

图 3-67　功率/频率映射对话框示意图

功率映射:设置用户定义的功率比例与实际对应的功率比例。如果用户设置的功率比例不在对话框显示的值中,则按线性插值取值。

(2) 使能模拟首脉冲抑制,具体有以下四个设置参数,如图3-68所示。

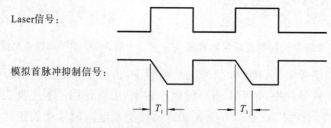

图 3-68　模拟首脉冲抑制波形示意图

① V_{max}:模拟首脉冲抑制信号的最高电压。

② V_{min}:模拟首脉冲抑制信号的最低电压。

③ T_1:模拟首脉冲抑制信号首脉冲由最低电压变成最高电压或由最高电压变成最低电压的斜坡时间。

④ T_2：模拟首脉冲抑制信号输出的最小时间间隔。

当激光出光信号（Laser）的关断时间 $dt_1 > T_2$ 时，模拟首脉冲抑制信号生效；当激光出光信号（Laser）的关断时间 $dt_2 < T_2$ 时，不进行首脉冲抑制输出。

⑤ ～：表示模拟首脉冲抑制的高/低电平有效。

5）Q 开关设置

Q 开关设置具体包括以下三个选项，如图 3-69 所示。

图 3-69　Q 开关设置示意图

（1）使用数字 Q 开关驱动器：指现在使用的 Q 驱动器是桂林星辰数字 Q 驱动器。

注意：若勾选此功能，则输出端口 1 和 2 将不能再做其他用途，此模式专门针对桂林星辰的数字 Q 驱动器设计。

（2）当首脉冲抑制结束时开 Q 开关：激光器开启时等首脉冲抑制信号结束后才开 Q 开关，否则开启首脉冲抑制信号的同时就开 Q 开关。

（3）首脉冲抑制：激光器开启时首脉冲抑制信号的持续时间。

（4）脉宽反转：将 PWM 脉冲高电平变为低电平，相应的低电平变为高电平并将其偏移相应的相位角，以满足 PWM 低电平有效 Q 驱动器要求。其波形示意图如图 3-70 所示。

6）测试激光设置

测试激光是指测试激光器是否能正常工作，单击"测试激光"按钮，弹出图 3-71 所示的对话框。设置好激光器的出光频率、功率、脉冲宽度及激光开启时间参数后，单击"开激光"按钮，激光器就打开，并到指定时间后关闭。

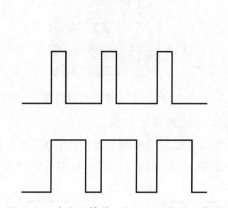

图 3-70　脉宽反转前、后 PWM 波形示意图

图 3-71　"测试激光"对话框

3. 打标软件区域参数设置

1）认识区域参数设置界面

设备区域参数是为设置打标图形的形状和尺寸而开发的，如图 3-72 所示。

2）外观设置

外观设置的功能是设置打标时的工作范围，如图 3-73 所示。

（1）区域尺寸：振镜对应的实际最大标刻范围，在一般情况下区域尺寸大小与设备所使

图 3-72 "配置参数"对话框

用的场镜最大工作范围数值相同（分割、拼接、旋转打标除外）。

常见场镜尺寸见本书场镜一节。

（2）振镜 1＝X：表示控制卡的振镜输出信号 1 作为用户坐标系的 X 轴。

（3）振镜 2＝X：表示控制卡的振镜输出信号 2 作为用户坐标系的 X 轴。

（4）偏移 X：表示振镜中心偏移场镜中心的 X 向距离。

（5）偏移 Y：表示振镜中心偏移场镜中心的 Y 向距离。

（6）角度：表示振镜偏移的角度。

（7）使用校正文件：使用外部校正程序（corfile. exe）生成的校正文件来对振镜进行校正，详细说明见《corfile. exe 程序使用说明》。

3）振镜 1 设置

振镜 1 设置的功能是校正 1 号振镜（X 或 Y 振镜）的形状和尺寸误差，如图 3-74 所示。

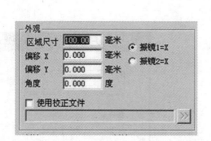

图 3-73 "外观"对话框

图 3-74 "振镜 1"对话框

（1）反向：表示当前振镜的输出反向，即原来的 X 轴转换成 Y 轴。

（2） ⬭ 1.000 ：表示桶形或枕形失真校正系数，默认系数为 1.0（参数范围为 0.875～1.125）。

如果设计图形如图 3-75 所示，加工出的图形如图 3-76 所示，对图 3-76（a）应该增大 X 轴变形系数，对于图 3-76（b）应该减小 X 轴变形系数。

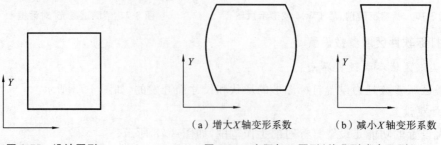

（a）增大 X 轴变形系数　　（b）减小 X 轴变形系数

图 3-75　设计图形　　　　图 3-76　实际加工图形（外凸型或内凹型）

（3）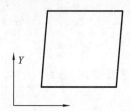：表示平行四边形校正系数，默认系数为 1.0（参数范围为 0.875～1.125）。

如果设计图形如图 3-75 所示，加工出的图形如图 3-77 所示，则需要调整此参数来校正。

（4）：表示梯形校正系数，默认系数为 1.0（参数范围为 0.875～1.125）。

如果设计图形如图 3-75 所示，加工出的图形如图 3-78 所示，则需要调整此参数来校正。

图 3-77　实际加工图形（平行四边形）　　　　图 3-78　实际加工图形（梯形）

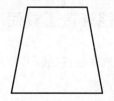

（5）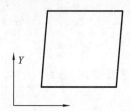：图形伸缩比例，默认值为 100％。

实际尺寸和软件图示尺寸不同时，需要修改此参数。

实际尺寸比设计尺寸小时，增大此参数值；实际尺寸比设计尺寸大时，减小此参数值。

设置比例时，可以直接按下，此时弹出图 3-79 所示的对话框，可以将软件里设置的尺寸和测量出来的实际打标尺寸输入，软件将自动计算伸缩比例。

注意：如果激光振镜有变形，则必须先调整完变形后再调整伸缩。

4）振镜 2 设置

与振镜 1 设置相同，请参考振镜 1 设置。

5）加工后去指定位置

设置当前加工完毕后让振镜移动到指定的位置，如图 3-80 所示。

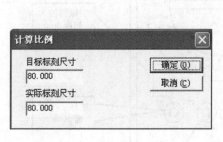

图 3-79　"计算比例"对话框

图 3-80　加工后去指定位置

6）密码设置

设定"参数"密码，只有输入密码后才能进入"参数"设置，如图 3-81 所示。

随着打标手段的不断进步，现在出现了多振镜控制系统，即用一台计算机控制多个振镜打标，它既可以用于一台激光器带多个振镜的加工模式，也可以用于多台激光器带振镜的加工模式。它们需要设置的参数可能更多，但基本原理大同小异。

图 3-81　密码设置

3.3　激光打标机主要器件连接知识

3.3.1　线路连接工具使用

激光打标机在连接、装调、使用和维护维修过程中常常要使用到以下工具。

1. 数字万用表

1）数字万用表外观

数字万用表外观如图 3-82 所示,各功能键使用方法如下。

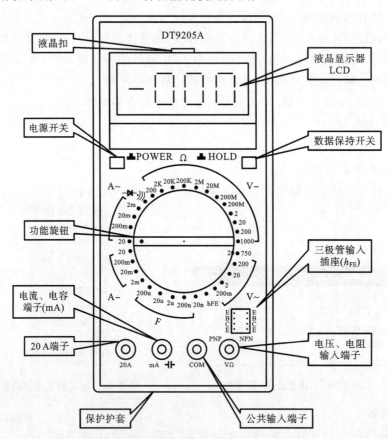

图 3-82　数字万用表外观

（1）Ω——电阻测量挡;

（2）V～——交流电压测量挡,V－——直流电压测量挡;

（3）F——电容测量挡;

（4）A～——交流电流测量挡,A－——直流电流测量挡;

（5）⊣⊢——二极管蜂鸣挡。

2）测量电压

（1）将黑表笔插入 COM 端口,红表笔插入 VΩ 端口;

（2）功能旋钮开关打至 V～（交流）或 V—（直流）,并选择合适的量程;

（3）红表笔探针接触被测电路正端,黑表笔探针接地或接负端,即与被测线路并联;

（4）读出 LCD 显示屏数字。

3）测量电阻

（1）关掉电路电源;

（2）选择电阻挡（Ω）;

（3）将黑色测试探头插入 COM 插口,红色测试探头插入 Ω 插口;

（4）将探头前端跨接在器件两端,或者你想测电阻的那部分电路两端;

（5）查看读数,确认测量单位（欧姆（Ω）、千欧（kΩ）或兆欧（MΩ））。

4）测量电流

（1）断开电路;

（2）黑表笔插入 COM 端口,红表笔插入 mA 或者20A 端口;

（3）功能旋钮开关打至 A～（交流）或 A—（直流）,并选择合适的量程;

（4）断开被测线路,将数字万用表串联被测线路中,被测线路中电流从一端流入红表笔,经万用表黑表笔流出,再流入被测线路中;

（5）接通电路;

（6）读出 LCD 显示屏数字。

5）测量电容

（1）将电容两端短接,对电容进行放电,确保数字万用表的安全;

（2）将功能旋钮开关打至电容测量挡,并选择合适的量程;

（3）将电容插入万用表⊣⊢插孔或 C-X 专用端口;

（4）读出 LCD 显示屏数字。

电容的单位:1 F=1000 mF=1000 μF=1000 nF=1000 pF。

6）二极管蜂鸣挡的作用

（1）判断二极管的好坏状态:二极管最重要的特性是单向导通性。

转盘打在—⊩—挡,红表笔插在右一孔内,黑表笔插在右二孔内,两支表笔的前端分别接二极管的两极,如图 3-83 所示,然后颠倒表笔再测一次。

如果两次测量的结果是:一次显示"1"字样,另一次显示零点几的数字,那么此二极管就是一个正常的二极管;假如两次显示都相同,那么此二极管反向击穿,LCD 上显示的一个数字

图 3-83　二极管示意图

即是二极管的正向压降（硅材料为 0.6 V 左右,锗材料为 0.2 V 左右）,根据二极管的特性,可以判断此时红表笔接的是二极管的正极,而黑表笔接的是二极管的负极。

（2）线路通断短路检查:转盘打在—⊩—挡,表笔位置同上。用两表笔的另一端分别接被测两点,若此两点确实短路,则万用表中的蜂鸣器发出声响。

7）数字万用表使用注意事项

（1）如果无法预先估计被测电压或电流的大小，则应先拨至最高量程挡测量一次，再视情况逐渐把量程减小到合适位置。测量完毕，应将量程开关拨到最高电压挡，并关闭电源。

（2）满量程时，仪表仅在最高位显示数字"1"，其他位均消失，这时应选择更高的量程。

（3）测量电压时，应将数字万用表与被测电路并联。测电流时应与被测电路串联，测直流量时不必考虑正、负极性。

（4）当误用交流电压挡去测量直流电压，或者误用直流电压挡去测量交流电压时，显示屏将显示"000"，或低位上的数字出现跳动。

（5）禁止在测量高电压（220 V以上）或大电流（0.5 A以上）时换量程，以防止产生电弧，烧毁开关触点。

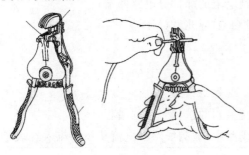

图3-84　剥线钳外观及使用

2. 剥线钳

1）剥线钳外观与功能

剥线钳是用来剥离小直径导线绝缘层的专用工具，由钳头和手柄两部分组成，钳头部分由压线口和规格不大于 6 mm^2 的多个钳口构成，用来剥离不同规格线芯的绝缘层。手柄上套有额定工作电压500 V的绝缘套管，如图3-84所示。

使用时标定好导线待剥离的绝缘层长度，然后压拢手柄，绝缘层即剥离且自动弹出。

2）剥线钳使用要点

（1）要根据导线直径，选用剥线钳刀片的孔径。

（2）根据缆线的粗细型号，选择相应的剥线刀口。

（3）将准备好的电缆放在剥线工具的刀刃中间，选择好要剥线的长度。

（4）握住剥线工具手柄，将电缆夹住，缓缓用力使电缆外表皮慢慢剥落。

（5）松开手柄取出电缆线，电缆金属整齐露出，其余绝缘塑料完好无损。

3. 压线钳

1）压线钳外观与功能

压线钳用于压制线材制造各类接线端子，压头形状种类繁多，如六角形、方形、椭圆、月牙形、凹字形，如图3-85所示。

图3-85　压线钳外观及使用

2）压线钳使用方法

（1）将导线进行剥线处理，裸线长度约 1.5 mm，与压线片的压线部位大致相等。

（2）将压线片的开口方向向着压线槽放入，并使压线片尾部的金属带与压线钳平齐。

（3）将导线插入压线片，对齐后压紧，如图 3-86 所示。

（4）观察压线效果，掰去压线片尾部的金属带即可使用。

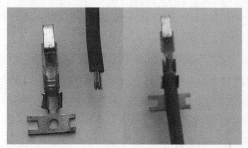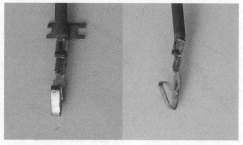

图 3-86　压线过程

4. 试电笔

1）试电笔外观与功能

试电笔是用来测量物件是否带电的工具。

普通试电笔主要由笔尖金属体、电阻、氖管、弹簧和笔尾金属体组成，结构上有钢笔式、螺丝刀式、电子式等不同类型，如图 3-87 所示。

图 3-87　试电笔外观示意图

用试电笔测试带电物体时，电流经带电体、试电笔、人体及大地形成通电回路，带电体与大地的电位差超过 60 V 时，试电笔中的氖管就会发光，电压范围为 60～500 V。

2）试电笔使用方法

（1）使用前必须在有电源处对试电笔进行测试，确认正常方可使用。

（2）使用时手指必须触及笔尾的金属部分，氖管、小窗背光且朝向使用者。

（3）使用时要防止手指触及笔尖的金属体造成触电事故，如图 3-88 所示。

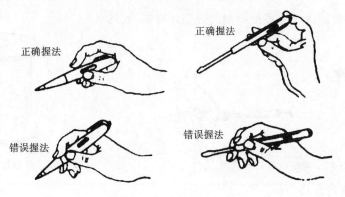

图 3-88　试电笔使用示意图

5. 电工刀

1）电工刀外观与功能

电工刀是用来剖削电线线头、切割木台缺口、削制木榫的专用工具，外形及使用方法如图 3-89 所示。

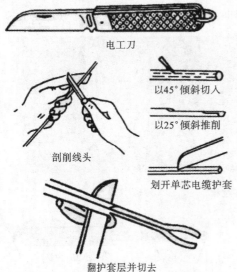

电工刀

剖削线头

以45°倾斜切入

以25°倾斜推削

划开单芯电缆护套

翻护套层并切去

图 3-89 电工刀外观及使用示意图

2）电工刀使用方法

（1）电工刀刀柄无绝缘保护，不能用于带电作业，以免触电。

（2）使用时应该将刀口朝外剖削。切削导线绝缘层时，应使刀面贴近导线，以免割伤线芯。

（3）使用时应该注意避免伤手，使用完毕应将刀身折进刀柄。

6. 电烙铁及辅助工具

1）电烙铁外观与功能

电烙铁是最常用的元件焊接工具，为了方便焊接操作，通常和尖嘴钳、偏口钳、镊子和小刀等辅助工具一起使用，外形如图 3-90 所示。

电烙铁有笔握法和拳握法两种，如图 3-91 所示。

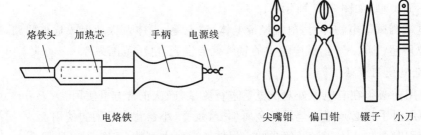

烙铁头　加热芯　手柄　电源线

电烙铁

尖嘴钳　偏口钳　镊子　小刀

图 3-90 电烙铁及辅助工具外观

焊接元件时常用内含松香助焊剂的焊锡丝焊料，如图 3-92 所示。

图 3-91 电烙铁握法示意图

图 3-92 焊锡丝焊料外形示意图

2）电烙铁使用方法

（1）使用前应检查电源插头、电源线有无损坏，烙铁头是否松动。

（2）焊接较小元件时，时间不宜过长，以免因过热损坏元件或绝缘层。

（3）使用中不能用力敲击，烙铁头上焊锡过多时，不可乱甩，以防烫伤他人。

（4）焊接完毕应拔去电源插头，将电烙铁置于金属支架上，防止烫伤或火灾的发生。

3.3.2　器件导线连接知识

1. 激光设备中常用导线种类

1）电源软导线和硬导线

软线是由多股铜线组成，适合做中小功率激光设备和器件的电源线，如振镜、工控机等器件的电源线。硬线是由单股铜线组成，适合做大中功率激光设备和器件的电源线，如激光器、冷水机组等器件的电源线，如图 3-93 所示。

2）信号屏蔽线

信号屏蔽线是使用金属网状编织层把信号线包裹起来的传输线，由编织层和屏蔽层组成，能够实现静电（或高压）屏蔽、电磁屏蔽的效果，有单芯、双芯和多芯等数种，一般用在 1 MHz 以下的场合，如图 3-94 所示。

图 3-93　电源软导线示意图

图 3-94　信号屏蔽线示意图

屏蔽线适合做中小功率激光设备的电源线和信号线。

3）扁平电缆

扁平电缆也称为排线，适用额定电压 450 V/70 V 及以下的电气设备中，整齐不扭结，采用对插连接，没有焊接点，通常用做激光设备中的振镜、工控机等器件的信号线，如图 3-95 所示。

4）双绞线

双绞线（twisted pair，TP）是把两根绝缘的铜导线互相绞在一起，每一根导线在传输中辐射出来的电磁波会被另一根线上发出的电磁波抵消，有效降低信号干扰的程度，通常用做激光设备中的振镜、工控机等器件的信号线，如图 3-96 所示。

2. 导线连接的要求与方法

1）导线连接的基本要求

导线连接的基本要求是：连接牢固可靠、接头电阻小、机械强度高、耐腐蚀耐氧化、电气绝缘性能好。

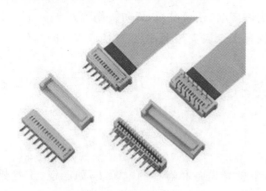

图 3-95　扁平电缆示意图

图 3-96　双绞线示意图

2）常用连接方法

常用的导线连接方法有绞合连接、紧压连接、焊接等。

（1）绞合连接：将需连接导线的芯线直接紧密绞合在一起，铜导线常用绞合连接。

① 单股铜导线的直接连接：小截面单股铜导线连接方法如图 3-97 所示，先将两导线的芯线线头作 X 形交叉，再将它们相互缠绕 2～3 圈后扳直两线头，然后将每个线头在另一芯线上紧贴密绕 5～6 圈后剪去多余线头即可。

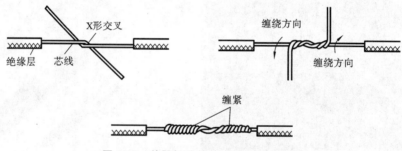

图 3-97　单股铜导线的直接连接示意图

② 大截面单股铜导线连接：先在两导线的芯线重叠处填入一根相同直径的芯线，再用一根截面约 1.5 mm² 的裸铜线在其上紧密缠绕，缠绕长度为导线直径的 10 倍左右，然后将被连接导线的芯线线头分别折回，再将两端的裸铜线继续缠绕 5～6 圈后剪去多余线头即可，如图 3-98 所示。

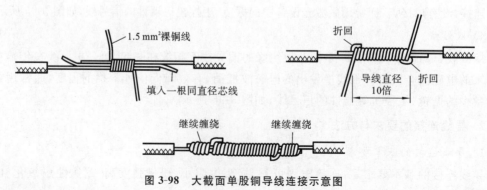

图 3-98　大截面单股铜导线连接示意图

③ 不同截面单股铜导线连接：先将细导线的芯线在粗导线的芯线上紧密缠绕 5～6 圈，然后将粗导线芯线的线头折回紧压在缠绕层上，再用细导线芯线在其上继续缠绕 3～4 圈后剪去多余线头即可，如图 3-99 所示。

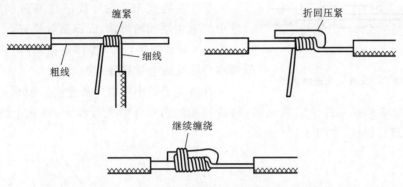

图 3-99　不同截面单股铜导线连接示意图

④ 同一方向导线的连接：当需要连接的导线来自同一方向时，可以采用以下的方法。

对于单股导线，可将一根导线的芯线紧密缠绕在其他导线的芯线上，再将其他芯线的线头折回压紧即可，如图 3-100 所示。

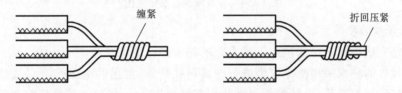

图 3-100　同一方向导线的连接方法 1

对于多股导线，可将两根导线的芯线互相交叉，然后绞合拧紧即可，如图 3-101 所示。

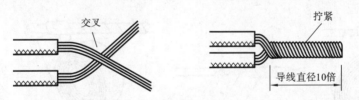

图 3-101　同一方向导线的连接方法 2

对于单股导线与多股导线的连接，可将多股导线的芯线紧密缠绕在单股导线的芯线上，再将单股芯线的线头折回压紧即可，如图 3-102 所示。

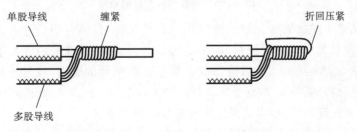

图 3-102　同一方向导线的连接方法 3

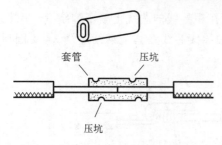

图 3-103　导线紧压连接示意图

（2）紧压连接：紧压连接是指用铜或铝套管套在被连接的芯线上，再用压接钳或压接模具压紧套管使芯线保持连接，如图 3-103 所示。

紧压连接前先清除导线芯线表面和压接套管内壁上的氧化层和粘污物，确保接触良好。

（3）导线焊接：导线焊接是指将焊锡等焊料或导线本身熔化融合连接导线。

在激光设备中导线焊接连接一般采用锡焊，焊接前应先清除铜芯线接头部位的氧化层，将待连接的两根导线先行绞合，再涂上助焊剂，用电烙铁蘸焊锡进行焊接，如图 3-104 所示。

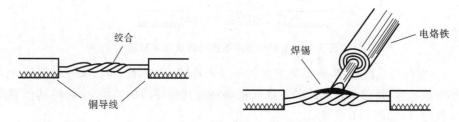

图 3-104　导线焊接连接示意图

3）导线连接的绝缘处理

导线连接完成后要对绝缘层中已被去除的部位进行绝缘处理。

导线连接处的绝缘采用绝缘胶带进行缠裹包扎处理，常用的绝缘胶带有黄蜡带、涤纶薄膜带、黑胶布带、塑料胶带、橡胶胶带等。使用宽度为 20 mm 的绝缘胶带较为方便。

导线接头绝缘处理可按图 3-105 所示进行，先包缠一层黄蜡带，再包缠一层黑胶布带。

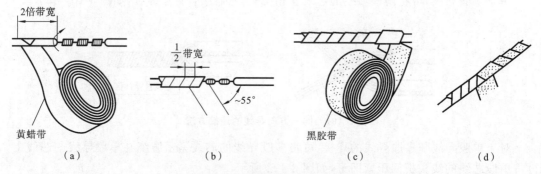

图 3-105　导线连接的绝缘处理

将黄蜡带从接头左边绝缘完好的绝缘层上开始包缠，包缠两圈后进入剥除了绝缘层的芯线部分，包缠时黄蜡带应与导线成 55°左右倾斜角，每圈压叠带宽的 1/2，直至包缠到接头右边距离完好绝缘层两圈处。然后将黑胶布带接在黄蜡带的尾端，按另一斜叠方向从右向左包缠，仍每圈压叠带宽的 1/2，直至将黄蜡带完全包缠住。包缠处理中应用力拉紧胶带，注意不可稀疏，更不能露出芯线，以确保绝缘质量和用电安全。

对于 220 V 线路，也可不用黄蜡带，只用黑胶布带或塑料胶带包缠两层。在潮湿场所应使用聚氯乙烯绝缘胶带或涤纶绝缘胶带。

3.3.3　激光打标机器件连接

1. 激光打标机主要连接器件

1）射频激励（radio frequency excitation）CO_2 激光打标机的主要器件分析

如图 3-106 所示，打开某型号射频 CO_2 激光打标机的光路系统机械结构件外罩，可以看到射频 CO_2 激光打标机内部的主要元器件：射频 CO_2 激光器 18、激光器电源 12、控制板卡 14、振镜 19、振镜电源 15、半导体红光指示器、扩束镜（图中未显示）、场镜（图中未显示）、合束镜架 8、冷却风扇 10 等，了解这些器件的功能并正确连接这些器件对于组装一台合格的打标机是非常重要的。

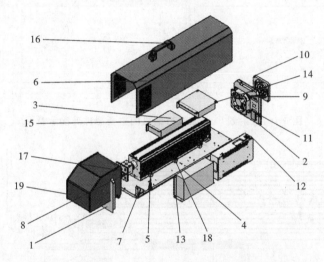

图 3-106　射频激励 CO_2 激光打标机的主要器件示意图

射频激励 CO_2 激光器 18 是打标机的核心器件，理所当然也是打标机装调的核心工作任务。

想一想：本机的半导体红光指示器装在哪个器件上？灯泵浦打标机也装有半导体红光指示器，安装位置与本机有什么不同？

做一做：根据课件和作业指导书试着写出图 3-106 上所标出的其他各个器件的名称。

2）激光打标机的主要连接器件分析

图 3-107 是某型号射频激励 CO_2 激光打标机主要器件连接示意图。

从器件连接示意图可以看出，激光打标机主要连接器件可以分为三个主要子系统：激光器系统、振镜系统和控制系统，每个子系统连接又可以分为电源和控制信号两个大类。

2. 激光器系统器件连接

图 3-108 是 CO_2 激光器系统连接示意图。

想一想：从新锐（SYNRAD）48 系列激光器出光条件可以推测出组装一台打标机至少需要哪些器件才能正常出射激光？

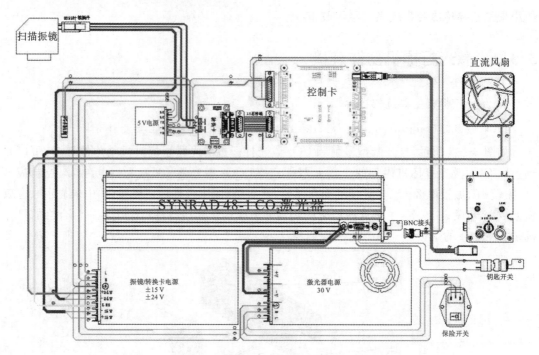

图 3-107　射频 CO_2 激光打标机的主要器件连接示意图

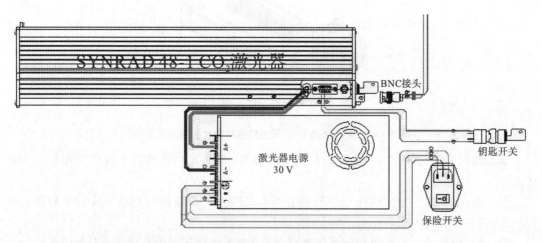

图 3-108　射频激励 CO_2 激光器系统连接示意图

做一做：新锐(SYNRAD)48-1 系列激光器端口检查与识别。

1）激光器系统的供电电源与器件连接

（1）激光器电源概述：从图 3-108 可以看出，射频激励 CO_2 激光打标机上使用直流开关电源(switching mode power supply)给激光器供电。

开关电源具有功耗小、效率高、体积小、重量轻、稳压范围宽等优点，开关电源的缺点是存在较为严重的开关干扰，如果不进行抑制、消除和屏蔽，就会严重地影响激光设备的正常工作，也会对附近的其他设备产生干扰。

（2）直流开关电源端口识别：下面以明玮 SE-350-24 直流开关电源来介绍直流开关电源端口的识别与测量。

图 3-109 是明玮 SE-350-24 直流开关电源的外形，图中可以看出该电源有 9 个连接端子和 1 个工作状态显示 LED 灯。

图 3-109　直流开关电源外形

2）直流开关电源端口定义

图 3-110 所示的是明玮 SE-350-24 直流开关电源的端口定义，它的功能解释如下。

引脚编号	引脚功能	引脚编号	引脚功能
1	AC/L	4～6	DC OUTPUT −V
2	AC/N	7～9	DC OUTPUT ＋V
3	FG ⏚		

图 3-110　激光器输入电源端口定义

L：接 220 V 交流火线；

N：接 220 V 交流零线；

FG：接大地；

G：直流输出的地；

＋5 V：输出＋5 V 的端口；

ADJ：开关电源上输出标称额定电压，一般情况下是不需要调整的。此电位器可以让用户根据实际使用情况在一个较小的范围内调节实际输出电压。

如果激光器开关电源上电后工作正常，电源指示灯（POWER，绿色灯）亮，输出 31 ± 1 V 的直流电压。

想一想：可不可以将 4—7 换成 4—8？还有没有其他接法？

做一做：用万用表正确测量开关电源的输入/输出电压。

3）开关电源连接与测量注意事项

（1）连接电源前，先确认输入电压与开关电源的标称值是否相同。本电源使用 220 V AC 输入，也有 110 V AC、24 V DC 或 48 V DC 等其他类型。

（2）通电前仔细检查输入/输出连线是否连接正确、牢固。

（3）检查安装螺丝与电源板器件，测量电源外壳与输入/输出的绝缘电阻，以免触电。

（4）为保证使用的安全性和减少干扰，确保接地端可靠接地。

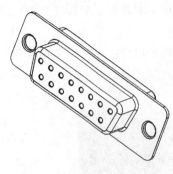

图 3-111 DB接口外形示意图

（5）输出端子有多位接线端时均匀接入负载，一般要求每路至少带 10％ 负载。

3. 激光器系统的控制信号与器件连接

（1）DB接口（DB connector）知识：DB接口又称为D型数据接口，接口形状类似于英文字母D，在激光设备的控制系统中得到广泛应用，如图 3-111 所示。

DB接口按照接口针脚数（9、15、25、37、50 等），分为 DB9、DB15、DB25、DB37 和 DB50 等，如图 3-112 所示。

DB接口还有公（Male）母（Female）之分，如图 3-113 所

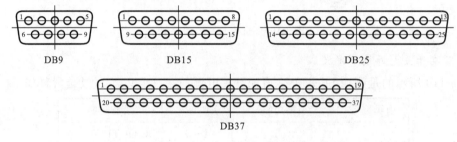

图 3-112 DB接口类型示意图

示。

想一想：DB接口针脚数有偶数的吗？

做一做：观察图 3-113 所示 SYNRAD 48-1 激光器 DB9 是公头还是母头？

（2）BNC 连接器（bayonet Neill-Concelman）知识：BNC 连接器是 RF 端子同轴电缆连接器的简称，适合于激光设备控制系统中传输射频信号的场合。

BNC 连接器包括基座、外套和中心探针三部分，如图 3-114 所示。

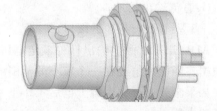

图 3-113 DB接口类型示意图　　**图 3-114 BNC连接器外形结构示意图**

4. 射频 CO_2 激光打标机激光器系统的控制信号与器件连接

典型射频 CO_2 激光打标机的激光器系统的控制信号与器件连接如图 3-115 所示。

DB9 控制信号端口通过 6、7 端口与钥匙开关连接，为激光器增加一个开关功能。

如果将钥匙开关更换为行程开关、光电开关等自动控制开关，就可以实现激光器的自动控制，如先完成其他工作任务再自动打标，或打标后再完成其他工作任务。在最简单的场合只要将 6、7 端口信号短接即可。

BNC 控制信号端口通过打标控制卡 CON2 上的 13、14 控制端口和基座与中心探针连接

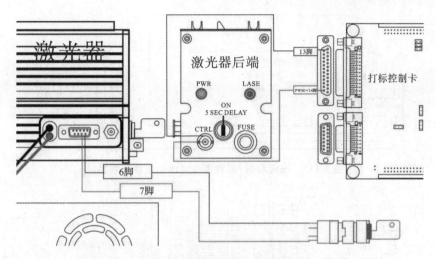

图 3-115   激光器系统的控制信号与器件连接示意图

（即 BNC 控制端的正、负极），形成 PWM 功率控制回路。

打标机打标时，BNC 控制端的正、负极可以测量到变化的直流输出电压。

激光器供电电源正确连接后，后端上的绿色 LED 灯常亮，正常出光打标时红色 LED 灯亮。

5. 振镜系统器件连接

从图 3-116 所示的打标机振镜电源外观及系统连接示意图可以看出，振镜和数/模转换卡也是使用直流开关电源供电，应根据振镜的动态特性选择瞬态响应好、可靠性高的直流开关电源。

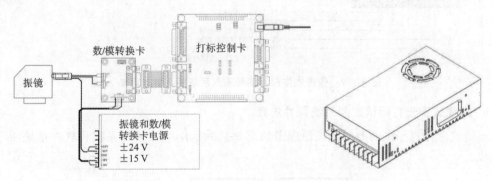

图 3-116   打标机振镜电源外观及系统连接示意图

1）振镜电源与器件连接

图 3-117 是振镜和数/模转换卡电源的连接示意图，该电源从开关输入 220 V AC 电压，输出 ±24 V DC 给振镜供电，输出 ±15 V DC 给数/模转换卡供电。

2）模拟振镜系统的控制信号与器件连接

模拟振镜系统的控制信号与器件连接如图 3-118 所示。

将从打标控制卡振镜控制端口 CON1 上传输的数字振镜控制信号输入带数/模转换卡的对应端口，转换成模拟信号，再输入振镜本体的输入控制端口，如图 3-119 所示，最终完成振镜系统的控制信号与器件连接过程。

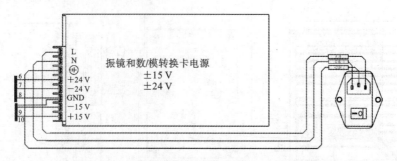

图 3-117　振镜和数/模转换卡电源的连接示意图

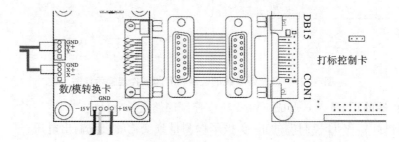

图 3-118　模拟振镜系统的控制信号与器件连接示意图

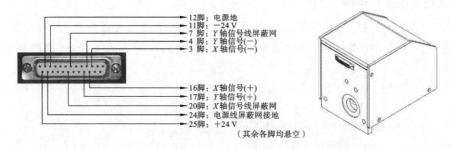

图 3-119　振镜本体控制信号输入示意图及引脚定义

6. 振镜式激光打标机控制系统器件连接

振镜式激光打标机的控制系统原理图如图 3-120 所示,它由硬件系统和软件系统两个部分组成。

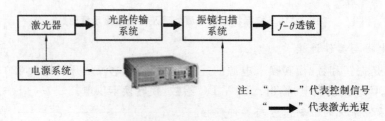

图 3-120　振镜式激光打标机控制系统原理

硬件系统包括工控机、打标控制卡、振镜、激光器等器件,其中工控机通过打标控制卡发出控制指令,振镜和激光器完成控制动作,其核心是工控机和打标控制卡。

软件系统包括工控机操作系统、各类应用软件和专业打标软件等。

打标时,工控机通过打标控制卡向激光器发送信号来控制激光器开关光以及其激光功率大小,同时根据软件图案作一定变换后传递给振镜系统,振镜系统依照接收信号将 X/Y 轴振镜镜片偏转一定的角度,激光器发出的光束通过 X/Y 振镜折射后,入射至待加工工件表面。

从以上分析可以得知,控制系统是激光打标机控制和指挥的中心,也是各类软件安装的载体,它通过控制振镜和激光器(有时包括工作台)的动作完成对工件打标。

振镜式激光打标机的控制系统的控制器是工控机,控制对象根据打标的种类不同分别有振镜、激光电源及 Q 电源、激光器及脚踏开关等。

想一想:振镜式激光打标机的控制系统的控制对象有哪几个?

做一做:利用网络查找主要的画图辅助软件供应商信息。

3.4 射频 CO_2 激光打标机器件连接技能训练

3.4.1 打标机装调技能训练概述

1. 技能训练方法

以激光设备制造企业的实际工作过程(即资讯—决策—计划—实施—检验—评价六个步骤)为导向,兼顾一体化课程的教学过程组织要求,通过教学项目的实施掌握打标机装调所涉及的主要知识点和技能点。

具体来说,就是以 10 W 射频 CO_2 激光打标机整机安装调试过程为学习载体,使学生了解射频 CO_2 激光器的工作原理;学会连接、安装射频 CO_2 激光打标机的主要元器件和零部件;学会调试 CO_2 激光打标机的主要参数;学会进行 CO_2 激光打标机的日常维护;学会排除 CO_2 激光打标机的常见故障;掌握振镜式中小型激光设备在安装调试过程中的基本知识和基本技能。

2. 打标机装调技能训练项目分析

学会安装一台激光打标机并调试到符合出厂的技术要求,首先需要了解激光打标机的实际生产过程和根据一体化课程的教学要求将实际生产过程分解为相对独立的教学项目。

总结大部分激光设备生产厂家的工艺文件可以发现,产生满足加工要求并能长期稳定工作的激光光束是所有激光加工设备的核心要求,打标机的实际生产过程可以分解为以下几个相对独立的部分:

(1) 打标机零部件与元器件安装、连接与测试,主要目的是产生激光光束;

(2) 打标机光路系统安装、调试与性能测试,主要目的是使打标机满足加工工艺的要求;

(3) 打标机整机安装、调试与性能测试,主要目的是使打标机能长期稳定地工作。

3. 打标机装调技能训练教学项目

根据以上分析,我们可以通过射频 CO_2 激光打标机一体化课程教学的三个项目来完成技能训练教学过程。

项目一：射频 CO_2 激光打标机器件连接技能训练。

项目二：射频 CO_2 激光打标机光路系统部件装调技能训练。

项目三：射频 CO_2 激光打标机整机装调技能训练。

4. 打标机装调技能训练教学项目一描述

某激光设备制造企业生产一台 10 W 射频 CO_2 激光打标机完成的主要工作任务如下。

（1）安装、连接射频 CO_2 激光打标机的机械零部件，形成打标机的整体机械结构，它是后续零部件与元器件安装调试的平台。

（2）连接射频 CO_2 激光打标机激光器和控制系统元器件，形成打标机激光器系统。

（3）对已经安装的射频 CO_2 激光打标机零部件和元器件进行机械、电气连接，在安全的条件下进行通电测试，产生激光光束。

通过项目一的学习，你将认识 CO_2 激光打标机总体结构，了解射频 CO_2 激光打标机主要系统及主要零部件与元器件组成，会进行射频 CO_2 激光打标机主要零部件与元器件的安装、连接与测试。

5. 激光打标机器件连接技能训练教学项目目标要求

1）知识要求

（1）了解射频 CO_2 激光打标机整机结构，以及主要零部件与元器件型号、结构与功能。

（2）掌握 SYNRAD48-1 射频 CO_2 激光器的型号、工作原理、主要接口功能。

（3）掌握主流工控机的型号、工作原理、主要接口功能。

2）技能要求

（1）会正确填写机械零部件领料单，检验机械结构件的主要性能指标。

（2）会正确进行射频 CO_2 激光打标机的相关电气辅件制作。

（3）会正确填写激光器及相关元器件领料单，正确连接激光器各端口。

（4）会正确填写工控机及相关元器件领料单，正确连接工控机各端口。

（5）会正确进行打标机通电、出射激光检测过程。

3）职业素养

（1）遵守设备操作安全规范，爱护实训设备。

（2）积极参与过程讨论，注重团队协作和沟通。

（3）及时分析总结本教学项目进展过程中的问题，撰写翔实的项目报告。

6. 激光打标机器件连接技能训练教学项目资源准备

1）设施准备

（1）1 台 10 W 射频 CO_2 激光打标机样机（主流厂家产品）。

（2）5～10 套 10 W 射频 CO_2 激光打标机机械零部件。

（3）5～10 套 10 W 射频 CO_2 激光打标机激光器及与之对应的元器件。

（4）5～10 套品牌工控机及与之对应的系统软件。

（5）5～10 套打标专用控制卡及与之对应的打标软件。

（6）5～10 套品牌钳工工具包。

（7）5～10 套品牌电工工具包。

（8）合适的多媒体教学设备。

2）场地准备

（1）满足激光加工设备的工作温度要求。

（2）满足激光加工设备的工作湿度要求。

（3）满足激光加工设备的电气安全操作要求。

3）资料准备

（1）主流厂家射频 CO_2 激光打标机使用说明书。

（2）主流厂家射频 CO_2 激光器说明书。

（3）主流厂家工控机使用说明书。

（4）与本教材配套的工作页。

7. 激光打标机器件连接技能训练教学项目任务分解

根据项目一的描述，我们可以把该项目再分解为四个相对独立的任务。

1）任务 1

认识 CO_2 激光打标机、安装机械结构件，主要目的是形成激光打标机的整体机械结构件。

2）任务 2

安装、连接激光器及相关元器件，主要目的是形成激光打标机的激光器系统。

3）任务 3

安装、连接工控机及相关元器件，主要目的是形成激光打标机的控制系统。

4）任务 4

通电、测试激光器及相关元器件，主要目的是使激光打标机产生激光光束。

3.4.2　结构件和器件安装技能训练

在图 3-106 中，我们已经了解了射频 CO_2 激光打标机的主要器件。

结构件及器件安装技能训练的第一步工作是进行激光打标机结构件及主要器件信息搜集与分析，掌握各结构件及部件的品牌、规格、性能、价格、作用等。

1. 激光打标机的机械结构件知识

台式射频激光打标机的机械结构件（mechanical assembly unit）主要有工作台结构件和光路系统结构件两大部分。

1）工作台结构件

（1）功能：工作台结构件的功能是实现被加工工件的 X-Y-Z 轴三维移动，主要用于调节焦距和打标范围，有些功能强大的工作台还可以实现五轴加工的功能。

（2）类型：工作台结构件的类型有手动式工作台和电动式工作台两种，装配好后外观大同小异。

（3）手动式工作台结构件：手动式工作台结构件的外形及内部结构如图 3-121 所示，内部是一个由手柄带动的丝杠-螺母机构，丝杠与螺母配合形成一维直线运动。

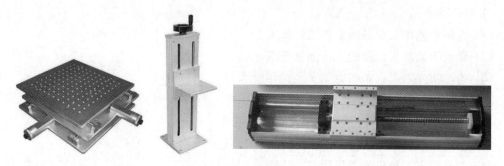

图 3-121　手动式工作台结构件（部件）外形及内部结构图

（4）电动式工作台结构件：电动式工作台结构件（部件）的外形及内部结构如图 3-122 所示。

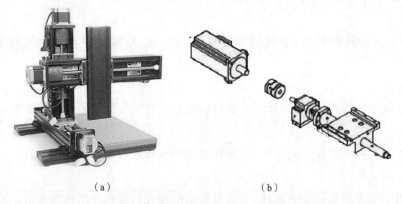

（a）　　　　　　　　　　　　　　　（b）

图 3-122　电动式工作台结构件外形及内部结构

电动式工作台本质上是一个开（闭）环控制步进电机（伺服电机）运动系统，由控制器驱动步进电机（伺服电机）旋转，与步进电机（伺服电机）相连的丝杠跟随旋转，丝杠与螺母配合形成一维直线运动。在需要高精度运动的场合，可以采用电动式直线电机工作台。

想一想：工作台结构件怎样实现三维运动？在图 3-122 上标注出来。

做一做：写出图 3-122 电动式工作台结构件上主要器件的名称。

2）光路系统结构件

（1）功能：光路系统结构件的功能是在其上安装激光器和光学元器件。

（2）结构：图 3-123（a）是某台式射频 CO_2 激光打标机的光路系统结构件外形图，图3-123（b）是拆去结构件外罩后的内部结构图。从图 3-123（b）可以看出，光路系统结构件内部由上部横板、底部横板、前板、后板、振镜连接颈等部件组成，部件与部件间用螺丝连接，或用 AB 胶粘接在一起。

光路系统结构件（部件）安装前应检查各零部件是否缺损，是否满足安装精度要求。

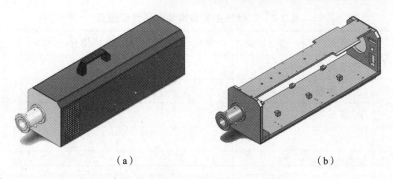

（a） （b）

图 3-123 光路系统结构件外形和内部结构图

3) 光路系统结构件（部件）上安装的主要器件

（1）底部横板和前板：安装有合束镜、合束镜架、振镜连接颈、指示红光、扩束镜、激光器、激光器电源、振镜电源等，如图 3-124 所示。

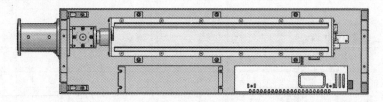

图 3-124 底部横板和前板器件安装示意图

（2）上部横板：安装有打标控制卡、5 V 电源、数/模转换卡，如图 3-125 所示。

（3）后板：安装有风扇、钥匙开关、USB 连接端口等，如图 3-126 所示。

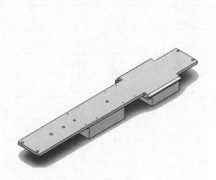 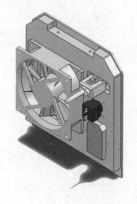

图 3-125 底部横板器件安装示意图　　　　**图 3-126 后板器件安装示意图**

2. 搜集激光打标机主要结构件和器件信息

搜集激光打标机主要结构件和器件信息，填写表 3-8。

3. 识别激光打标机主要结构件和器件

1) 领料单样板

领料单（picking list）是由领用材料的部门或者人员（简称领料人）根据所需领用材料的数量填写的单据，主要内容有领料项目、编码、名称、单位、数量、检验等，如表 3-9 所示。

表 3-8　打标机主要结构件和器件信息表

类型	序号	名称	选型依据	供应商	规格型号	价格
主要结构件	1	底部横板				
	2	上部横板				
	3	前板				
	4	后板				
主要器件	1	振镜连接颈				
	2	激光电源				
	3	激光器				
	4	振镜电源				
	5	振镜				
	6	钥匙开关				
	7	保险开关				
	8	USB 转接头				
	9	风扇				
	10	打标控制卡				
	11	数/模转换卡				
	12	5 V 电源				

表 3-9　领料单样板

领　料　单				No.		
领料项目：						
编码	名称	型号/规格	单位	数量	检验	备注

记账：　　　　发料：　　　　主管：　　　　领料：　　　　检验：　　　　制单：

2）填写领料单注意事项

（1）为了明确责任，填写领料单要有领料、发料、主管、记账等人员的签名，无签章或签章不全的均无效，不能作为记账的依据。

（2）领料单一般一式四联。第一联为存根联，留领料部门备查；第二联为记账联，留财会部门作为出库材料核算依据；第三联为保管联，留仓库作为记材料明细账依据；第四联为业务联，留供应部门作为物质供应统计依据。

（3）领料单一般是"一料一单"地填制，即一种原材料填写一张单据，也可以把相同性质的材料归类领取。

想一想：领料单一般有几联？

做一做：根据图 3-122 及作业指导书填写光路系统结构件领料单。

4. 制订结构件和器件安装工作计划

制订结构件和器件安装工作计划，填写表 3-10。

表 3-10　结构件和器件安装工作计划表

序号	工 作 流 程	主要工作内容	
1	任务准备	填写领料单	
		工具准备	
		场地准备	
		资料准备	
2	结构件和器件安装工作计划	1	将底部横板、前板、后板、振镜连接颈等器（部）件用螺丝或 AB 胶连接成一个整体
		2	将激光器电源及振镜和数/模转换板电源固定在底部横板上
		3	将打标控制卡、数模转换卡及 5 V 电源固定在上部横板上
		4	将风扇、钥匙开关、保险开关及 USB 转接头固定在后板上
		5	结构件和器件安装完成后进行质量检测
3	注意事项	（1）安装孔位正确时直接安装，孔位不正确，需用电钻打孔 （2）风扇出风的一侧必须对准后板的内侧，亦即风扇开启时是在吹激光器 （3）各安装器件无干涉，留出接线、线槽等连接位置	

5. 实战技能训练

实际安装结构件及主要器件，填写表 3-11。

表 3-11　结构件和器件安装工作记录表

工作流程	工作内容	工作记录	存在的问题及解决方案
任务准备	填写领料单		
	工具准备		
	场地准备		
	资料准备		
结构件和器件安装			

6. 任务检验与评估

1）机械结构件主要参数与质量检验知识

（1）主要参数：机械结构件（部件）的主要参数有型号、尺寸、行程、材质、允许载重、运动精度等。下面是某台手动式工作台的主要参数。

型号：XYMEW-01；

外形尺寸：350 mm（长）×350 mm（宽）×100 mm（高）；

工作行程：200 mm（长）×200 mm（宽）×50 mm（高）；

允许载重：30 kg；

材质：铝材。

（2）质量检验：对激光设备用户而言，机械结构件质量检验的主要内容有如下几项。

① 机械结构件的尺寸精度满足设计和使用要求。机械结构件的尺寸通常可以用卷尺、钢皮直尺和游标卡尺等工具来测量。

② 机械结构件的形位公差满足设计和使用要求。机械结构件的形位公差通常可以用直线度和平面度等参数来衡量。例如，我们可以用水平仪来检验机械结构器件的平面度。

③ 对于要求高的场合，也可以根据特定机械结构件的国家标准来进行质量检验，例如，按照国标 GB/T 17587.3—1998 的要求来检验滚珠丝杠的运动精度，确保工作台满足激光加工的要求。

想一想：常用水平仪有哪几类？

做一做：使用水平仪检验光路系统结构器件装配后的平面度是否满足要求。

2）填写质量检查表

填写质量检查表，如表 3-12 所示。

表 3-12　结构件和器件安装质量检查表

项目任务	安装器（部）件名称	作业标准	作业结果质检	
			合格	不合格
子任务 1	底部横板	固定于升降台，方向正确，水平度满足要求、连接无松动		
	前板	固定于底部横板，垂直度满足要求、连接无松动		
	后板	固定于底部横板，垂直度满足要求、连接无松动		
	上部横板	固定于前板和后板上，方向正确，水平度满足要求、连接无松动		
	振镜连接颈	固定于前板，方向正确（短轴端朝外），连接无松动		
	合束镜架	固定于前板，方向正确，连接无松动，与其他器件不干涉		

项目任务	安装器(部)件 名称	作 业 标 准	作业结果质检	
			合格	不合格
子任务2	激光器电源	固定于底部横板,连接无松动,与其他器件不干涉		
	振镜电源	固定于底部横板,连接无松动,与其他器件不干涉		
	5 V电源	固定于上部横板,连接无松动,与其他器件不干涉		
	风扇	固定于后板,连接无松动,与其他器件不干涉		
	钥匙开关	固定于后板,连接无松动,与其他器件不干涉		
	电源开关	固定于后板,连接无松动,与其他器件不干涉		
	USB连接端口	固定于后板,连接无松动,与其他器件不干涉		
	打标控制卡	固定于上部横板,连接无松动,与其他器件不干涉		
	数/模转换卡	固定于上部横板,连接无松动,与其他器件不干涉		

3.4.3　激光器系统连接技能训练

激光器系统连接技能训练的第一步工作是进行激光器系统主要器件及附件的信息搜集与分析,掌握主要器件及附件的品牌、规格、性能、价格与作用等。

上述信息在教材的理论知识部分和作业指导书中都有叙述,我们只要将其搜集整理在下述表格中即可。

1. 搜集激光器系统连接信息

搜集激光器系统连接信息,填写表3-13。

表3-13　激光器系统连接信息表

序号	连接器件	主 要 信 息
1	激光器 钥匙开关	连接功能: 导线规格: 连接方法:
2	激光器 激光器电源	连接功能: 导线规格: 连接方法:
3	保险开关	连接功能: 导线规格: 连接方法:

2. 识别激光器系统连接主要器件与材料

识别激光器系统连接主要器件与材料，填写领料单，如表 3-14 所示。

表 3-14　激光器系统连接主要器件与材料领料单

领　料　单					No.	
领料项目：						
编码	名称	型号/规格	单位	数量	检验	备注

记账：　　　发料：　　　主管：　　　领料：　　　检验：　　　制单：

3. 制订激光器系统连接工作计划

制订激光器系统连接工作计划，填写表 3-15。

表 3-15　激光器系统连接工作计划表

序号	工 作 流 程	主要工作内容	
1	任务准备	填写领料单	
		工具准备	
		场地准备	
		资料准备	
2	激光器系统连接工作计划	1	检查所有器件是否完整、导线是否合格
		2	将激光器预固定
		3	连接激光器 DB9 控制端口与钥匙开关
		4	连接激光器电源线与激光器电源
		5	连接激光器电源与保险开关插座
		6	连接完成后进行质量检测
3	注意事项		

4. 实战技能训练

实际连接激光器系统器件，填写表 3-16。

表 3-16　激光器系统连接工作记录表

工作流程	工作内容	工作记录	存在的问题及解决方案
任务准备	填写领料单		
	工具准备		
	场地准备		
	资料准备		

续表

工作流程	工作内容	工作记录	存在的问题及解决方案
激光器 系统连接			

5. 任务检验与评估

任务检验与评估,填写表 3-17。

表 3-17　激光器系统连接工作质量检查表

项目任务	连接器件	作 业 标 准	作业结果检测	
			合格	不合格
子任务 1	保险开关与 激光器电源	保险开关 1 脚接激光器电源 L 脚,连接牢固,导通,不与其他部位短路		
		保险开关 2 脚接激光器电源 N 脚,连接牢固,导通,不与其他部位短路		
		保险开关 3 脚接激光器电源大地,连接牢固,导通,不与其他部位短路		
子任务 2	激光器电源 与激光器	激光器红线接激光器电源 V＋脚,连接牢固,导通,不与其他部位短路		
		激光器黑线接激光器电源 V－脚,连接牢固,导通,不与其他部位短路		
子任务 3	激光器与 钥匙开关	激光器 DB9 的 6 脚接钥匙开关的 1 脚,连接牢固,导通,不与其他部位短路		
		激光器 DB9 的 7 脚接钥匙开关的 2 脚,连接牢固,导通,不与其他部位短路		
		激光器 DB9 的 3、4 脚短接		

3.4.4　振镜系统连接技能训练

振镜系统连接技能训练的第一步工作是进行振镜系统主要器件及附件的信息搜集与分析,掌握主要器件及附件的品牌、规格、性能、价格与作用等。

上述信息在教材的理论知识部分和作业指导书中都有叙述,我们只要将其搜集整理在下述表格中即可。

1. 搜集振镜系统连接信息

搜集振镜系统连接信息,填写表 3-18。

表 3-18 振镜系统连接信息表

序号	连接器件	主 要 信 息
1	振镜电源 数/模转换卡	连接功能： 导线规格： 连接方法：
2	振镜电源 振镜	连接功能： 导线规格： 连接方法：
3	数/模转换卡 振镜	连接功能： 导线规格： 连接方法：
4	振镜电源 激光器电源	连接功能： 导线规格： 连接方法：
5	振镜电源 风扇	连接功能： 导线规格： 连接方法：

2. 识别振镜系统连接主要器件与材料

识别振镜系统连接主要器件与材料，填写领料单，如表 3-19 所示。

表 3-19 振镜系统连接领料单

领 料 单					No.	
领料项目：						
编码	名称	型号/规格	单位	数量	检验	备注

记账：　　　发料：　　　主管：　　　领料：　　　检验：　　　制单：

3. 制订振镜系统连接工作计划

制订振镜系统连接工作计划,填写表3-20。

表 3-20 振镜系统连接工作计划表

序号	工作流程	主要工作内容	
1	任务准备		填写领料单
			工具准备
			场地准备
			资料准备
2	振镜系统连接工作计划	1	检查所有器件是否完整、导线是否合格
		2	将振镜预固定
		3	连接振镜电源与激光器电源
		4	连接振镜与振镜电源
		5	连接数/模转换卡与振镜电源
		6	连接振镜与数/模转换卡
		7	连接风扇与振镜电源
		8	安装完成后进行质量检测
3	注意事项		

4. 实战技能训练

实际连接振镜系统器件,填写表3-21。

表 3-21 振镜系统连接工作记录表

工程流程	工作内容	工作记录	存在的问题及解决方案
任务准备	填写领料单		
	工具准备		
	场地准备		
	资料准备		
振镜系统连接			

5. 任务检验与评估

任务检验与评估,填写表 3-22。

表 3-22　振镜系统连接工作质量检查表

项目任务	连接器件	作业标准	作业结果检测	
			合格	不合格
子任务 1	激光器电源与振镜电源	激光器电源 L 脚接振镜电源 L 脚,连接牢固,导通,不与其他部位短路		
		激光器电源 N 脚接振镜电源 N 脚,连接牢固,导通,不与其他部位短路		
		激光器电源 GND 脚接振镜电源大地脚,连接牢固,导通,不与其他部位短路		
子任务 2	振镜电源与振镜	振镜电源+24 V 脚接振镜 DB25 的 25 脚,连接牢固,导通,不与其他部位短路		
		振镜电源−24 V 脚接振镜 DB25 的 11 脚,连接牢固,导通,不与其他部位短路		
		振镜电源 GND 脚接振镜 DB25 的 24 脚,连接牢固,导通,不与其他部位短路		
子任务 3	振镜电源与数/模转换卡	振镜电源+15 V 脚接数/模转换卡 CON2 的+15 V 脚,连接牢固,导通,不与其他部位短路		
		振镜电源−15 V 脚接数/模转换卡 CON2 的−15 V 脚,连接牢固,导通,不与其他部位短路		
		振镜电源 GND 脚接数/模转换卡 CON2 的 GND 脚,连接牢固,导通,不与其他部位短路		
子任务 4	振镜电源与风扇	振镜电源+24 V 脚接风扇红线,连接牢固,导通,不与其他部位短路		
		振镜电源 GND 脚接风扇黑线,连接牢固,导通,不与其他部位短路		
子任务 5	振镜与数/模转换卡	振镜 DB25 的 16 脚接数/模转换卡 CON3 的+X 脚,连接牢固,导通,不与其他部位短路		
		振镜 DB25 的 3 脚接数/模转换卡 CON3 的−X 脚,连接牢固,导通,不与其他部位短路		
		振镜 DB25 的 17 脚接数/模转换卡 CON4 的+Y 脚,连接牢固,导通,不与其他部位短路		
		振镜 DB25 的 4 脚接数/模转换卡 CON4 的−Y 脚,连接牢固,导通,不与其他部位短路		
		振镜 DB25 的 7、20 脚分别接数/模转换卡 CON3、CON4 的 GND,连接牢固,导通,不与其他部位短路		

3.4.5　控制系统连接技能训练

　　控制系统连接技能训练的第一步工作是进行控制系统主要器件及附件的信息搜集与分析,掌握主要器件及附件的品牌、规格、性能、价格与作用等。

　　上述信息在教材的理论知识部分和作业指导书中都有叙述,我们只要将其搜集整理在下述表格中即可。

1. 搜集控制系统连接信息

搜集控制系统连接信息,填写表 3-23。

表 3-23　振镜系统连接信息表

序号	连接器件	主　要　信　息
1	工控机 打标控制卡	连接功能: 导线规格: 连接方法:
2	打标控制卡 控制卡电源	连接功能: 导线规格: 连接方法:
3	控制卡电源 振镜电源	连接功能: 导线规格: 连接方法:
4	控制卡电源 半导体红光	连接功能: 导线规格: 连接方法:
5	数/模转换卡 打标控制卡	连接功能: 导线规格: 连接方法:
6	激光器 BNC 端口 打标控制卡	连接功能: 导线规格: 连接方法:
7	其他连接 与安装步骤	

2. 识别控制系统连接主要器件与材料

识别控制系统连接主要器件与材料,填写领料单,如表 3-24 所示。

表 3-24　控制系统连接主要器件与材料领料单

领　料　单						No.
领料项目:						
编码	名称	型号/规格	单位	数量	检验	备注

记账:　　　发料:　　　主管:　　　领料:　　　检验:　　　制单:

3. 制订控制系统连接工作计划

制订控制系统连接工作计划,填写表 3-25。

表 3-25　控制系统连接工作计划表

序号	工 作 流 程	主要工作内容		
1	任务准备	填写领料单		
		工具准备		
		场地准备		
		资料准备		
2	控制系统连接工作计划	1	检查所有器件是否完整、导线是否合格	
		2	将工控机预固定	
		3	连接工控机电源	
		4	连接工控机与打标控制卡	
		5	连接打标控制卡与控制卡电源	
		6	连接控制卡电源与振镜电源	
		7	连接控制卡电源与半导体红光	
		8	连接数模转换卡与打标控制卡	
		9	连接激光器 BNC 端口与打标控制卡	
		10	安装加密狗软件	
		11	安装打标控制卡软件	
		12	安装完成后质量检测	
3	注意事项			

4．实战技能训练

实际连接控制系统器件，填写表 3-26。

表 3-26 控制系统连接工作记录表

工程流程	工作内容	工作记录	存在的问题及解决方案
任务准备	填写领料单		
	工具准备		
	场地准备		
	资料准备		
控制系统连接工作流程			

5．任务检验与评估

任务检验与评估，填写表 3-27。

表 3-27 控制系统连接工作质量检查表

项目任务	连接器件	作 业 标 准	作业结果检测	
			合格	不合格
子任务 1	工控机内部器件	底板部件型号准确、连接正确，功能满足要求		
		主板部件型号准确、连接正确，功能满足要求		
		CPU 部件型号准确、连接正确，功能满足要求		
		电源部件型号准确、连接正确，功能满足要求		
子任务 2	工控机外部器件	振镜电源＋24 V 脚接振镜 DB25 的 25 脚，连接牢固，导通，不与其他部位短路		
		振镜电源－24 V 脚接振镜 DB25 的 11 脚，连接牢固，导通，不与其他部位短路		
		振镜电源 GND 脚接振镜 DB25 的 24 脚，连接牢固，导通，不与其他部位短路		
子任务 3	激光器与打标控制卡	激光器 BNC 的探针接打标控制卡 CON2 的 14 脚，连接牢固，导通，不与其他部位短路		
		激光器 BNC 的基座接打标控制卡 CON2 的 3 脚，连接牢固，导通，不与其他部位短路		

续表

项目任务	连接器件	作 业 标 准	作业结果检测	
			合格	不合格
子任务 4	数/模转换板与打标控制卡	数/模转换卡 CON1 的 15 针信号接打标控制卡 CON1 的 15 针信号，连接牢固，导通，不与其他部位短路		
子任务 5	整机通电、安装软件、出射激光	机器通电，各部件连接正常		
		如有必要，正确安装加密狗驱动程序		
		如有必要，正确安装打标卡驱动程序		
		正确设置打标软件中激光器设置		
		机器正常出射激光		

4

激光打标机光路系统装调知识与技能训练

4.1 振镜式激光打标机光路系统器件装调知识

4.1.1 激光打标机部件安装知识

1. 空间物体六点定位原理

1）物体的自由度

一个自由的物体在空间直角坐标系中有六个活动可能性,分别是沿 X、Y、Z 轴的三个移动和绕 X、Y、Z 轴的三个转动,如图 4-1 所示。

我们把物体的这种活动可能性称为自由度,空间任意一个自由物体在直角坐标系中都具有六个自由度,激光打标机上所有的部件也不例外。

2）物体的定位与六点定位原理

（1）物体定位:物体定位就是根据物体的位置要求,用各种不同的定位方式来限制物体的全部或部分自由度。

（2）物体的六点定位原理:物体的六点定位原理是指用六个支撑点来分别限制物体的六个自由度,从而使物体在空间得到确定定位的方法。

2. 空间物体定位方式

1）完全定位

物体的六个自由度完全被限制的定位称为完全定位,如图 4-2 所示。

2）不完全定位

按部件安装定位要求,允许有一个或几个自由度不被限制的定位称为不完全定位,激光设备上的许多部件的定位可以采用不完全定位方式,如把激光器安装在机架上,一般而言只要求激光器的底面与安装平面平行就可以,X 方向移动的自由度就可以不作限制,如图 4-3 所示。

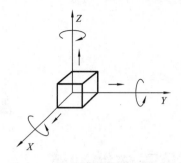

图 4-1 空间物体的自由度示意图

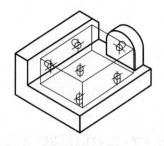

图 4-2 空间物体完全定位示意图

3）欠定位

根据安装定位要求应限制的自由度而未被限制的定位称为欠定位。欠定位是一种不正确的定位方式，是不允许出现的。

4）过定位

部件的一个或几个自由度被不同的定位元件重复限制的定位称为过定位或重复定位，如图 4-4 所示的激光器 X 方向自由度上有左、右两个支承点限制，产生了过定位。

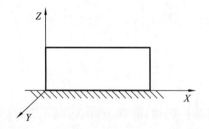

图 4-3 空间物体不完全定位示意图

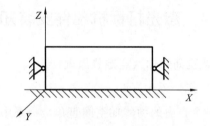

图 4-4 空间物体过定位示意图

3. 部件安装常见定位元件

六点定位原理是部件定位的基本法则，部件安装是通过有一定形状的几何体来限制部件自由度的，这些几何体称为定位元件，常用的定位元件有以下几种。

1）平面

平面定位限制自由度有 Z 方向移动、以 X 轴为轴心转动、以 Y 轴为轴心转动三个自由度，如图 4-5 所示。把激光器安装在机架上或平板上，机架或平板就是一个典型的平面定位元件。

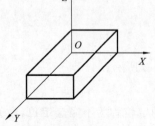

图 4-5 平面定位元件与限制
自由度示意图

2）外圆柱面

外圆柱面结构有长外圆柱面和短外圆柱面之分，长外圆柱面限制自由度有 X 方向移动、Z 方向移动、以 X 轴为轴心转动、以 Z 轴为轴心转动四个自由度。短外圆柱面限制自由度有 X 方向移动、Z 方向移动两个自由度，如图 4-6 所示。

把振镜安装在振镜连接颈端面上，振镜连接颈外端面就是一个典型的外圆柱面定位元件。

3）圆孔

圆孔定位与外圆柱面定位结构类似,也有长圆孔和短圆孔之分,长圆孔限制自由度有 X 方向移动、Z 方向移动、以 X 轴为轴心转动、以 Z 轴为轴心转动四个自由度。短圆孔限制自由度有 X 方向移动、Z 方向移动两个自由度,如图 4-7 所示。

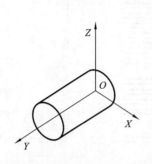 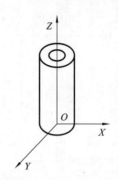

图 4-6　外圆柱面定位元件与限制自由度示意图　　**图 4-7　圆孔定位元件与限制自由度示意图**

把扩束镜安装在振镜连接颈里面,振镜连接颈中心孔就是一个典型的圆孔定位元件。

上述定位元件可以组合使用,如短外圆柱面＋平面、短圆孔＋平面等。

4.1.2　激光器安装知识

1. 安装激光器、调试光路的任务

安装激光器、调试光路的任务是将激光器发出的激光光束调试到光路系统结构件上前板的出光孔中心,如图 4-8 所示。

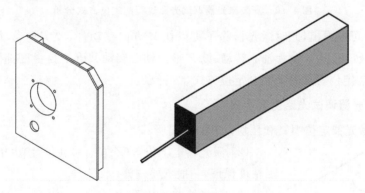

图 4-8　安装激光器、调试光路示意图

2. 安装激光器、调试光路过程的定位方式

我们知道,射频 CO_2 激光器是一个整体结构的器件,激光器的出光窗口相对整体结构而言有一个确切的位置,如图 4-9 所示。

将激光器安装在机架或平板上并让激光光束对准结构件前板的出光孔中心,相当于用（一个平面＋一个短外圆柱面）定位元件来确定激光器的安装位置,如图 4-10 所示。

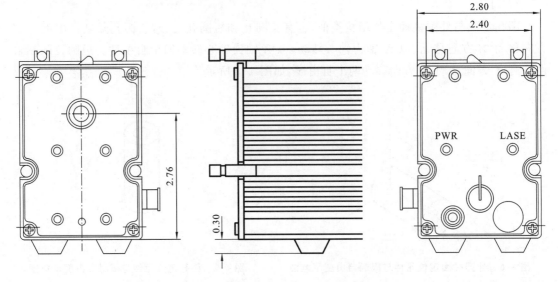

图 4-9   射频 CO_2 激光器外形结构示意图

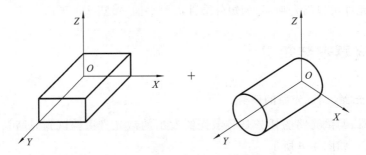

图 4-10   安装激光器调试光路过程的定位方式分析

从图 4-10 可以看出,此时激光器除了可以在 Y 方向移动外,X 方向移动、Z 方向移动、以 X 轴为轴心转动、以 Y 轴为轴心转动、以 Z 轴为轴心转动共五个自由度都受到了限制,属于满足部件安装定位要求的不完全定位方式。

3. 安装激光器调试光路主要步骤

(1)放松激光器定位螺钉和压块,如图 4-11 所示。

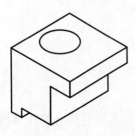

图 4-11   激光器定位
压块示意图

(2)激光器上下位置(Z 方向移动位置)由机械结构件的加工精度保证,一般不要调整。

(3)激光器前后位置(Y 方向移动位置)可以作一定程度的调整,没有特别的要求。

(4)调节激光器左右位置(X 方向移动位置),最终将激光器窗口发出的激光定位在光路系统结构件的前板出光孔中心。

(5)固定激光器定位螺钉和压块,保持激光器位置。

4.1.3 合束镜装调知识

1. 合束镜工作原理

1）合束镜功能

合束镜是一种半透反射镜，它的功能是将两种（或多种）波长的光线分别通过透射和反射的方法合成到一条光路上，如图 4-12 所示。

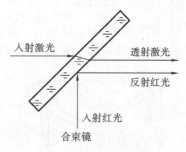

图 4-12 合束镜工作原理

合束镜镜体采用硒化锌、硫化锌或锗材料，表面镀有反射或透射薄膜，通常透射大多数常用激光范围的红外光，反射可见光，方便进行激光光路校准。

2）合束镜激光光路偏移

由于激光在不同材料中传递时会产生折射现象，所以激光通过合束镜后会发生一定的位移，位移量 d 值可以用公式计算，如图 4-13 所示。

这里 α 是入射激光的入射角，在实际结构中由合束镜片的安装角度确定，n 是合束镜镜体材料的折射率，t 是合束镜镜体材料的厚度，d 是合束镜出射激光光路偏移距离。

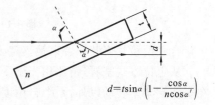

$$d = t\sin\alpha \left(1 - \frac{\cos\alpha}{n\cos\alpha'}\right)$$

图 4-13 合束镜激光光路偏移计算

2. 合束镜选型知识

1）合束镜种类

在实际的工程应用中，透射的激光波长有以下不同的种类。

（1）CO_2 激光合束镜（波长 10.6 μm）：

平均透射率＞99%@10.6 μm，平均反射率＞ 85%@650 μm

（2）Nd：YAG 激光合束镜（波长 1064 nm）：

平均透射率＞99%@1064 nm，平均反射率＞ 85%@650 nm

（3）绿激光合束镜（波长 532 nm）：

平均透射率≥99%@532 nm，平均反射率＞85%@650 nm

（4）反向合束镜：反向 YAG 激光合束镜是指通过光学元件，将短波长（如 650 nm）通过

45°入射角入射,从而得到 1064 nm 的长波反射。

2）合束镜规格范例

材料	直径/mm	厚度/mm	波长/nm
BK7	12.7	2.0	1064T650R

想一想:怎么判断合束镜的透光面和反射面? 透光面和反射面装反有什么影响?

做一做:判断合束镜的透光面和反射面,安装合束镜。

3. 合束镜片与指示红光安装

1）合束镜架与安装支架

合束镜架是安装合束镜镜片和指示红光的结构件,如图 4-14 所示。

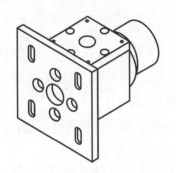

图 4-14　合束镜架与安装支架示意图

合束镜镜片安装在合束镜支架上的短圆形槽里并与后面的定位平面贴合在一起。

从定位方式来看,镜片相当于受到(短外圆柱面＋平面)定位方式的约束,镜片除了可以在安装支架里转动以外,六个自由度中的其他五个自由度都被限制,属于有效定位方式中的不完全定位。

指示红光安装在合束镜支架上的长圆孔里并与里面的定位平面贴合在一起。

从定位方式来看,指示红光与合束镜片类似,相当于受到(长外圆柱面＋短锥面)定位方式的约束,指示红光除了可以在安装支架里转动以外,六个自由度中的其他五个自由度都被限制,属于有效定位方式中的不完全定位。

2）合束镜片固定

合束镜片固定在合束镜支架上的短圆形槽里,可以有两种固定方式:一种是短圆形槽旁边的细小螺丝固定;另外一种是直接将合束镜片粘接在短圆形槽里。

粘接合束镜片流程:

（1）按说明书要求取环氧 AB 胶,调匀后均匀抹在合束镜安装支架短圆形槽内。

（2）取出合束镜,确保表面无污染,将合束镜粘接在短圆形槽内并压紧。

4. 安装合束镜(指示红光)、调试光路的任务

安装合束镜(指示红光)、调试光路的任务是先将激光透过合束镜片后准确调试到光路系统结构件上前板的出光孔中心,再调整指示红光与激光重合在一起。

5. 合束镜(指示红光)光路调整主要步骤

(1) 取出合束镜片和红光激光器,检查外观质量。

(2) 阅读资料及作业指导书,明确任务及步骤。

(3) 激光器出光并将激光对准前端封光圈中心,调节好后固定。

(4) 判断合束镜的透光面和反射面。

(5) 粘接(或压接)合束镜。

(6) 安装合束镜支架。

(7) 调节合束镜架螺钉,将激光对准前端封光圈中心,调节好后固定。

注意:合束镜片和指示红光既可以同时安装,也可以等合束镜片安装好并调试好激光光路后再安装指示红光。

4.1.4　扩束镜装调知识

1. 扩束镜工作原理

1) 扩束镜功能

从光学理论知识可以知道,离开原点的高斯光束发散角是一个变化的数值,光束束腰半径越小,其发散角越大,如图 4-15 所示。

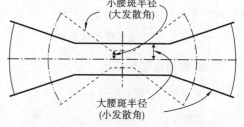

激光在导光及聚焦系统传递中,如果距离较远,光斑将很快扩大到其他器件从而不能正常工作,因此,需要得到发散角较小的激光光束。

我们可以通过在导光及聚焦系统中的某一段增大光斑半径得到发散角较小的激光光束,再传递到其他器件上,最终得到较小的光斑,增大光斑半径的器件称为扩束镜。

扩束镜除了可以减小激光光束的发散角

图 4-15　不同的腰半径的激光光束的远场发散角对比图

外,还可以扩大光束的直径。入射光直径的增大,可以降低后续光学器件上的能量密度,保证光学器件长时间工作而不被激光光束烧坏。

2) 扩束镜工作原理

从光学原理来讲,扩束镜有两种结构。

(1) 伽利略式扩束镜:伽利略式扩束镜是由正透镜和负透镜组成的光学系统,如图 4-16 所示,伽利略式扩束镜无实像产生,形成放大的虚像。

大多数激光设备的扩束镜都是伽利略式的,它有两个优点:第一、由于伽利略式不包含内部的聚焦点,可延长器件寿命;第二、与扩束能力相同的开普勒式扩束镜相比,尺寸更短。

(2) 开普勒式扩束镜:开普勒式扩束镜是由焦距较长的正透镜和焦距较短的正透镜所组成的光学系统,如图 4-17 所示,在两正透镜之间会形成倒立实像。

3) 扩束镜的主要参数计算

(1) 扩束能力 MP:扩束镜的扩束能力 MP 是输出镜的有效焦距(f_2)与输入镜的有效焦

距(f_1)的比值,MP=f_2/f_1,如图 4-18 所示。

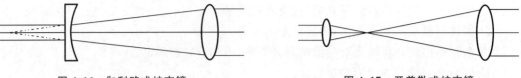

图 4-16　伽利略式扩束镜　　　　　图 4-17　开普勒式扩束镜

(2) 扩束镜长度尺寸 L:扩束镜长度尺寸 L 等于输出镜的有效焦距(f_2)和输入镜的有效焦距(f_1)之矢量和,$L= f_2 - f_1$,如图 4-18 所示。

(3) 输出光斑直径 y_3:扩束镜输出光斑直径 y_3 等于输入光斑直径 y_1 与扩束能力 MP 的乘积,$y_3 = y_1 \cdot$ MP,如图 4-19 所示。

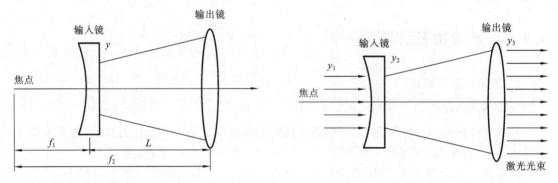

图 4-18　扩束镜长度尺寸示意图　　　　图 4-19　扩束镜放大倍数示意图

2．扩束镜选型知识

1) 常用扩束镜种类

(1) 可调型扩束镜:可调型扩束镜适应较大发散角的激光光束,镜筒由外筒、内筒和顶丝组成,如图 4-20 所示。

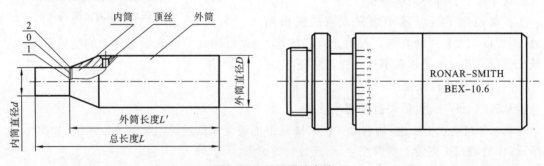

图 4-20　可调型扩束镜

(2) 固定型扩束镜:固定型扩束镜适应较小发散角的激光光束,镜筒结构如图 4-21 所示。

高功率扩束镜有水冷结构,如图 4-22 所示。

2) 扩束镜型号命名一般规则

(1) 常用型号标示方法:BEST-xxxx-yy-Z-M-T-AA。

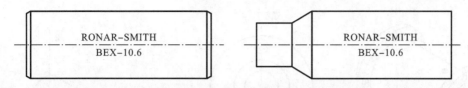

图 4-21　固定型扩束镜

（2）型号标示解释如下。

BSET：BEST 系列扩束镜。

xxxx：激光波长，一般有 1064 nm、532 nm、633 nm、10.6 μm 几种。

yy：扩束倍数。

图 4-22　水冷扩束镜

Z：镜片材料，Z 为硒化锌（ZnSe），G 为砷化镓（GaAs）。

M：扩束镜连接方式。M 为螺纹连接，无 M 为圆柱直筒连接。

T：T 为可调型扩束镜，无 T 为固定型扩束镜。

AA：特殊要求，用于内部记录。

（3）型号标示示例。

① BEST-10.6-3-G-M：10.6 μm CO_2 激光 3 倍扩束镜，砷化镓材料，螺纹连接，固定型。

② BEST-10.6-3.5-Z：10.6 μm CO_2 激光 3.5 倍扩束镜，硒化锌材料，圆柱直筒连接，固定型。

3）扩束镜选型考虑的主要参数

（1）激光扩束倍数，一般从 1.5 倍至 10 倍。

（2）可改善激光光束的准直度数。一般看发散角的毫弧度。

（3）可适用功率。

（4）波长。

想一想：怎么判断扩束镜的输出镜和输入镜。输出镜和输入镜装反有什么影响？

做一做：判断扩束镜的输出镜和输入镜，安装合束镜。

3. 扩束镜安装知识

扩束镜安装效果对激光加工效果影响很大，安装不好会造成激光功率下降，激光强度不均匀，后续器件（如振镜）出光偏离中心等后果。

1）扩束镜安装位置

在本案例中，扩束镜安装在振镜连接颈内圆表面，由螺钉 2、3、5、6 支撑，螺钉 1、4 在定位调试结束后起固定作用，如图 4-23 所示。

2）扩束镜安装定位方式分析

扩束镜安装在振镜连接颈内圆表面并由螺钉 2、3、5、6 支撑定位，相当于用一个长外圆柱面定位元件来确定扩束镜的安装位置，如图 4-24 所示。

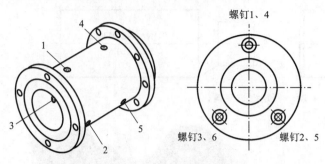

图 4-23 振镜连接颈内扩束镜安装示意图

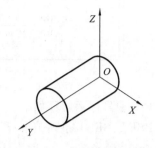

图 4-24 安装激光器调试光路
过程定位方式分析

从图 4-24 可以看出，此时扩束镜除了可以在 Y 方向移动、以 Y 轴为轴心转动外，X 方向移动、以 X 轴为轴心转动、Z 方向移动、以 Z 轴为轴心转动共四个自由度都受到了限制，属于满足部件安装定位要求的不完全定位方式。

3）安装扩束镜、调试光路的任务

激光透过扩束镜，入射光要在扩束镜进光孔中心，出射光要在出光孔中心，指示红光与激光重合。

4. 安装扩束镜、调试光路的步骤

（1）检查扩束镜光路之前的器件准备工作状态，使激光在振镜连接颈中心，红光与激光大致重合。

（2）检查扩束镜型号与外观质量。

（3）判断扩束镜的激光出入射窗口。

（4）松开螺钉 1、4，将扩束镜装入振镜连接颈内螺钉 2、3、5、6 上。

（5）打开指示红光，调整螺钉 2、3、5、6 的位置，使入射红光在扩束镜进光孔中心，出射红光在出光孔中心。

（6）打开激光，调整螺钉 2、3、5、6 的位置，使入射激光在扩束镜进光孔中心，出射激光在出光孔中心。同时观察激光光斑，调整扩束镜微调螺丝，使激光出射光斑完整。

（7）锁紧夹紧螺钉 1、4，激光光斑无误即可关闭激光电源及红光电源。

4.1.5 振镜系统装调知识

1. 振镜系统工作原理

1）振镜系统功能

振镜系统是使激光光斑按照预定轨迹运行的执行机构，它的功能是将工控机上做出的图案转换成为工件上的激光加工图案。

振镜系统由振镜本体及其对应的驱动系统器件组成，其中 f-θ 聚焦场镜常常装在振镜本体上，如图 4-25 所示。

振镜系统可以用在激光打标、激光焊接、激光内雕、激光演示、舞台灯光控制等场合。

2）振镜系统主要器件

（1）振镜本体：振镜本体由高精度摆动伺服电机（分别固定着反射镜片）、电机驱动板卡、振镜支架等器件组成，如图4-26所示。

这些器件可以分为 X 方向和 Y 方向扫描系统，分别由工控机发出指令控制其轨迹。

（2）摆动伺服电机：图4-27（a）所示的是振镜摆动伺服电机组装前的三个部件，即振镜、底座和高速摆动电机；图4-27（b）是组装后的摆动电机结构图及其示意图。

（3）反射镜片：从图4-28所示的振镜反射镜片外形可以看出，X 镜片和 Y 镜片的长度是不一样的，短一点的是 X 镜片，安装在激光入射端，长一点的是 Y 镜片，安装在激光出射端。

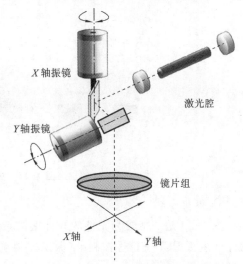

图 4-25 振镜扫描系统的组成

灰尘、污垢等会增加镜片对激光功率的吸收，要定期检查镜片的清洁程度。

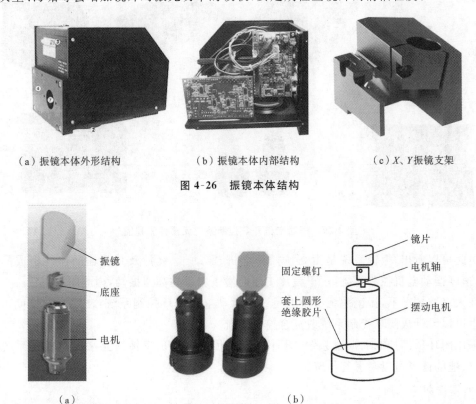

（a）振镜本体外形结构　　（b）振镜本体内部结构　　（c）X、Y 振镜支架

图 4-26 振镜本体结构

（a）　　　　　　　　　　（b）

图 4-27 摆动电机结构图及其安装示意图

清洁镜片时应用软脱脂棉蘸取少量丙酮溶液轻轻地从镜片中间往外擦，切不可用棉签或布用力擦拭。

图 4-28   振镜反射镜片外形

3）振镜系统

图 4-29 是一个较为完整的开环振镜系统元器件实物组成流程图，它包括以下器件：打标软件→主板 PCI →打标控制卡（振镜控制端口）→振镜本体输入控制端口→摆动电机驱动卡→摆动电机→反射镜片。

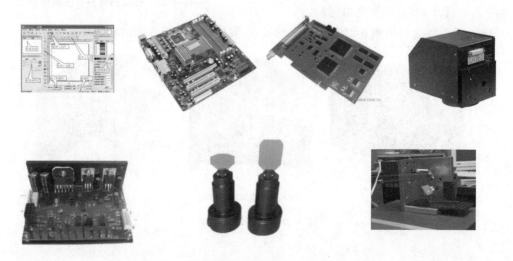

图 4-29   摆动电机开环控制系统元器件流程图

由此可以看出，振镜系统是由高速摆动电机、驱动卡、镜片及其他辅助部件组成的高精度、高速度摆动电机控制系统，由于镜片工作时看上去像在高速振动，因此叫振镜。

在大多数情况下，振镜系统实质上是一个摆动电机开环控制系统，在需要高精度工作的场合也可以设计成闭环控制系统或复合控制系统。

采用闭环反馈控制的振镜系统，设计了位置传感器和负反馈回路来提高振镜系统的精度，有兴趣的读者可以参考其他资料。

4）振镜加工范围

图 4-30 是振镜加工范围示意图，主要参数有如下意义。

（1）振镜加工范围主要参数。

① a 和 b 是 X 轴和 Y 轴振镜镜片，摆动伺服电机带动镜片 a 和镜片 b 旋转，可以使入射激光光束投影到 XOY 平面的指定位置。

在激光设备中，XOY 平面一般在 f-θ 聚焦场镜的表面，如后聚焦激光打标机，或直接投射到某个指定平面上，如激光动画演示系统。

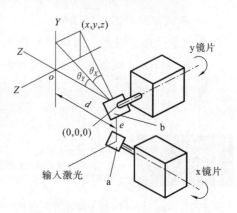

② X 轴和 Y 轴反射镜之间的距离为 e，y 镜片的轴线到 XOY 平面坐标原点的距离为 d。

③ 当 X 轴、Y 轴的偏转角分别为 θ_X 和 θ_Y 时，视场平面上相应光点坐标为 (x,y)，且当 $x=y=0$ 时，$\theta_X=\theta_Y=0$，则有如下振镜加工范围计算公式：

图 4-30　振镜加工范围示意图

$$\begin{cases} y=d\tan\theta_Y \\ x=(\sqrt{d^2+y^2}+e)\tan\theta_X \end{cases}$$

$$\begin{cases} \theta_Y=\arctan\left(\dfrac{y}{d}\right) \\ \theta_X=\arctan\left(\dfrac{x}{\sqrt{d^2+y^2}+e}\right) \end{cases}$$

根据公式，我们可以在已知 d、e 时根据摆动电机的偏转角度 θ_X、θ_Y 求出图形的幅面，也可以在已知图形的幅面及 d、e 时求出摆动电机的偏转角度 θ_X、θ_Y。

例如：已知 $d=100$ mm，$e=30$ mm，$\theta_Y=20°$，求 y 值。

$$y=100\tan20° \text{ mm}=100×0.36 \text{ mm}=36 \text{ mm}$$

想一想：加工图形幅面的大小与 y 值是什么关系？

做一做：实际观察激光设备中的 X-Y 平面位置。

(2) 振镜加工范围与振镜偏转角关系。

① 振镜 a、b 的偏转角 θ_X 和 θ_Y 增大，图像的幅面也增大，但不成正比例关系。

② 镜片 a、b 的偏转角 θ_X 和 θ_Y 由摆动电机驱动卡的输出直流电压 V_X 和 V_Y 控制，大小关系为

$$\theta_X=k_X V_X, \quad \theta_Y=k_Y V_Y$$

式中：k_X、k_Y 是系数。所以，通过控制 V_X 和 V_Y 就可以控制镜片 a、b 的偏转角度，在某些软件中，V_X 和 V_Y 的数值可以在软件中看到，如图 4-31 所示。

图 4-31　摆动电机驱动卡的输出直流电压示意图

想一想：怎么判断振镜的 X 镜片和 Y 镜片。

做一做：测试、观察 X 电机和 Y 电机的工作电压。

2. 振镜型号规格

国内外比较主流的厂家有 GSI、CTI、瑞雷、世纪桑尼等，Scan Head-8720A 是北京世纪桑尼科技有限公司的一款产品。

1）振镜型号命名规则范例

振镜型号命名规则范例如图 4-32 所示。

2）Scan Head-8720A 型号说明案例

Scan Head-8720A 型号说明案例如图 4-33 所示。

图 4-32 Scan Head-8720A 标志牌范例及含义　　　　**图 4-33** Scan Head-8720A 型号说明

3. 振镜安装知识

扩束镜安装效果对激光加工效果影响很大，安装不好会造成激光功率下降，激光强度不均匀，后续器件（如振镜）出光偏离中心等后果。

1）振镜安装注意事项

（1）振镜安装过程中要避免磕碰和外界机械压力，否则会影响振镜扫描精度。

（2）装入 f-θ 场镜时应注意观察是否碰到振镜镜片。

（3）振镜必须和激光器进行同光轴精确连接，需注意以下问题。

① 安装时务必以定位销钉为定位基准。

② 光束一定要从入光孔的中心进入，否则会漏光，一方面造成激光功率丢失，另一方面由于丢失的一部分激光被箱体吸收，会造成箱体严重发热，轻则会影响箱体中振镜的精度，重则会损坏箱体中的振镜。

（4）振镜出厂时已配好 25 芯电缆连接头，另一端请客户按输入信号的要求进行连接。

（5）用户连线时一定要特别注意各管脚的定义，确保正确连接。

（6）从控制卡到振镜本体的信号线中间严禁有额外的转接头，如图 4-34 所示。

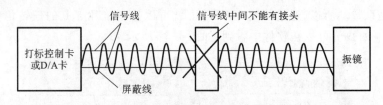

图 4-34 振镜本体信号线连接

（7）振镜信号线要远离干扰源（如氪灯电源线、Q 开关的射频线等），否则扫描图形会有干扰，严重时有可能损坏振镜。为提高抗干扰能力，振镜箱体外壳要可靠接地（大地）。

（8）注意振镜的输入信号是模拟量还是数字量，否则会损坏振镜。

（9）振镜的工作环境温度一般为（25±10）℃。

2）Scan Head-8720A 振镜调整注意事项

（1）光路中心点的调节：由于光路误差，出厂时所调好的出射激光中心点有可能与用户实际安装后的出射激光中心点位置有所不同，此时用户需要调节中心点。

由于出厂前已按标准的光路调好了出射激光的中心点，在这种情况下，振镜的 X、Y 镜片在最大旋转角度下的距离已经很小（如果这个距离过大，入射光束就有可能扫描到 f-θ 场镜边缘外，影响扫描效果），因此一般不建议用户采用旋转箱体中的振镜的机械方法来调整出射激光的中心点，否则两个镜片极易相互碰撞，导致镜片损坏。

通过调节图 4-35 所示的振镜驱动板上的 W9 电位器来微调中心点。

（2）扫描范围调节：使用不同厂家的控制卡，输出的信号略有不同，通过调节图 4-35 所示的振镜驱动板上的 W10 电位器可对扫描范围进行微调。

不建议用户拆开箱体做任何的机械调整，建议使用软件的方法调节中心点和扫描范围。

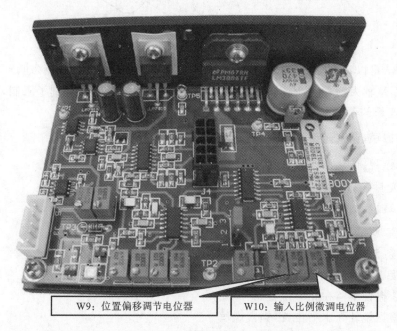

| W9：位置偏移调节电位器 | W10：输入比例微调电位器 |

图 4-35　Scan Head-8720A 振镜驱动板上的电位器 W9、W10

（3）其他调节注意事项如下。

① 激光波长必须与振镜所配镜片的反射膜波长相一致。

② 输入激光光斑的大小必须与振镜所配镜片大小一致，否则会漏光。

③ 若激光波长为 1064 nm，输入到镜片上的连续激光功率密度应小于 500 W/cm²，激光波长为 10600 nm，连续激光功率密度则必须小于 150 W/cm²。

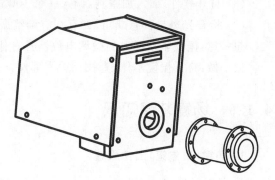

④ 请确保连线正确，否则会严重损坏振镜系统。

⑤ 在安装使用振镜时勿直视激光光束。

3）振镜安装位置与定位方式分析

（1）安装位置：在本案例中，振镜安装在振镜连接颈前端端面，如图 4-36 所示。

图 4-36　振镜安装位置示意图

（2）定位方式分析：振镜安装在振镜连接颈前端端面，相当于用（一个平面＋一个短外圆柱面）定位元件来确认振镜的安装位置，如图 4-37 所示。

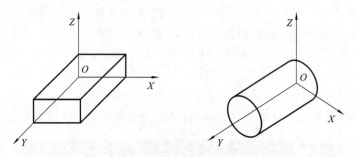

图 4-37　安装振镜定位方式分析

从图 4-37 可以看出，此时激光器除了可以在 Y 方向转动外，X 方向移动、Y 方向移动、Z 方向移动、以 X 轴为轴心转动、以 Z 轴为轴心转动共五个自由度都受到了限制，属于满足部件安装定位要求的不完全定位方式。

4. 安装振镜、调试光路相关知识

1）安装振镜、调试光路的目标

使入射光打在 X 镜片的中心，使出射光打在 Y 镜片的中心。

2）安装振镜、调试光路的步骤

（1）连接、测试振镜电源。

（2）连接、测试振镜与转换卡信号线。

（3）连接、测试转换卡电源线。

（4）安装振镜本体在相应位置。

（5）调整振镜外壳水平位置，锁紧螺丝。

（6）通电，观察振镜系统是否正常。尤其要注意检查振镜 x、y 镜片在极限位置是否相互碰撞，有则调整至正常。

（7）打开振镜、红光电源，检查红光光斑是否在振镜 x、y 镜片正中，如否加以调整，直至正常。

（8）打开软件，插入加密狗，调入一个 100 mm×100 mm 的正方形。

（9）检查光斑是否有缺角，如有相应调整振镜 X、Y 轴位置，解决缺角问题，锁紧振镜。

想一想：振镜驱动板上的微调电位器各有什么作用？

做一做：打开振镜本体，查找相关零部件。

4.1.6　场镜装调知识

1. 场镜（聚焦镜）工作原理

1）场镜功能

在激光打标中，场镜的功能是用来提高工件表面所承受的功率（能量）密度。

2）普通聚焦透镜的缺陷

（1）普通聚焦透镜理想像高：如图 4-38 所示，对于普通聚焦透镜，当一束准直激光射向透镜前的反射镜时，光束经过反射镜反射和透镜折射后聚焦于像面上，其理想像高 $y = f \cdot \tan\theta$，即像高 y 与入射角 θ 的正切成正比。

在振镜式打标机中，偏转角 θ 由以等角速度偏转的摆动伺服电机转动形成，理想像高 y 就是工件上激光光斑移动的距离。

（2）普通聚焦透镜的缺陷：对于普通聚焦镜，由摆动电机以等角速度偏转形成的入射光束在工件表面上的扫描速度不均匀，每点激光停留的时间也不均匀，最终导致工件表面上光斑痕迹不均匀，计算过程如图 4-39 所示。

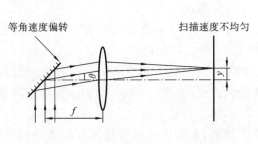

图 4-38 普通聚焦透镜的工作方式

电机偏转角度	光束的移动距离
$\theta_0 - \theta_1$	$y_1 - y_0 = f\tan\theta_1 - f\tan\theta_0$
$\theta_1 - \theta_2$	$y_2 - y_1 = f\tan\theta_2 - f\tan\theta_1$
分析	设 $\theta_0 = 0°$，$\theta_1 = 30°$，$\theta_2 = 60°$ $y_1 - y_0 = f\tan30°$ $y_2 - y_1 = f\tan60° - f\tan30°$ $y_1 - y_0 \neq y_2 - y_1$

图 4-39 普通聚焦透镜的缺陷计算

通过计算可以得知，普通光学聚焦透镜用于激光扫描系统时，由于理想像高与扫描角之间不成线性关系，因此由伺服电机以等角速度偏转形成在焦面上的扫描速度并不是常数，所以导致光斑光强不均。

在振镜式激光打标机中，如果用普通光学透镜将激光光束聚焦于工件表面会给激光加工带来严重影响。

3）f-θ 聚焦场镜工作原理与特点

f-θ 聚焦场镜，就是经过设计使像高与扫描角满足关系式 $y = f \cdot \theta$ 的镜头组，因此 f-θ 镜又称线性镜头，它有如下几个特点。

（1）对于单色光，成像像面为一平面，整个像面上像质一致，像差小。

（2）一定的入射光偏转速度对应着大致一定的扫描速度，因此可用等角速度的入射光实现大致线性扫描。

2. f-θ 聚焦场镜选型知识

1）f-θ 聚焦场镜类型

根据场镜镜片的数目来分类，f-θ 聚焦场镜有单镜片、双镜片、三镜片等几种类型，如图 4-40 所示。一般而言，激光波长越长，片数越少，加工要求越高，片数越多。

2）f-θ 聚焦场镜选型知识

场镜的主要技术参数包括工作波长、扫描范围（或焦距）和聚焦光斑直径。

（1）工作波长：场镜的工作波长由打标机的激光器决定。

光纤激光器波长是 1064 nm，CO_2 激光器波长是 10.6 μm，绿激光器波长是 532 nm、紫外

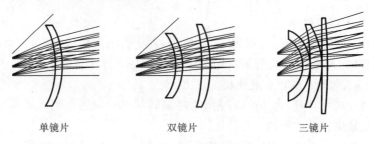

| 单镜片 | 双镜片 | 三镜片 |

图 4-40 $f\text{-}\theta$ 聚焦场镜种类

激光器波长是 355 nm,对应激光器选择对应场镜。

(2) 扫描幅面:聚焦场镜扫描幅面由聚焦场镜焦距决定,在场镜上一般只会标出焦距。

焦距和扫描幅面有一个经验公式:幅面 $f=0.7\times$ 焦距。

例如,$f=160$ mm 的场镜对应幅面是 112 mm 的正方形,一般校正幅面取一个整数是 110 mm×110 mm。$f=100$ mm 的场镜对应幅面是 70 mm×70 mm。

(3) 聚焦光斑直径 D:对于入射激光光束直径 d、场镜焦距 f、激光器波长 λ 的激光打标系统,在第 2.2.1 节已经知道,焦距 f 越长,聚焦光斑直径 D 越大;波长 λ 越长,聚焦光斑直径 D 越大;入射光斑直径 d 越大,聚焦光斑直径 D 越小。

要想得到更小的聚焦光斑,就要选择短焦距的场镜、大的扩束镜和短波长激光器,但同时场镜焦距越短,激光打标的幅面就越小,所以应根据实际应用的需求有所取舍。

不要认为场镜幅面越大越好,因为增加场镜的幅面,聚焦光点会变大,失真也会加大,场镜焦距也就是镜头出光面到产品的工作距也要加大,这些变化会导致打标不够精细清晰。

也不要认为焦距越短越好,焦距越短焦深就越小,对于被打标物体表面的平整度要求越高,有起伏或者圆柱形的弧形物体表面不太适合用焦距短的场镜。

所以一定要根据不同的加工面积和产品外形选最适合的场镜,或者备用几个不同扫描范围的场镜。

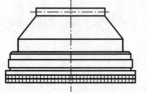

更换场镜后要重新进行软件光学校正。

3. $f\text{-}\theta$ 聚焦场镜安装知识

$f\text{-}\theta$ 聚焦场镜安装非常简单,直接将场镜拧到振镜下面的螺纹接口并拧紧即可,如图 4-41 所示。

图 4-41 $f\text{-}\theta$ 聚焦场镜外形及安装方式

场镜的螺纹一定要与振镜配套,如果找不到对应的螺纹场镜,可以找一个做打标机机柜的厂家做一个螺纹转换圈。

4.1.7 红光指示器装调知识

1. 红光指示器工作原理

1) 红光指示器功能

红光指示器是点状光斑半导体激光器的简称,可输出 635 nm、650 nm、660 nm 等可见红光,红光形状有点状、十字、一字等,如图 4-42 所示。

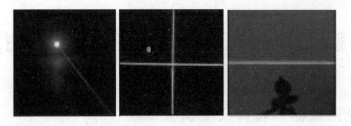

图 4-42　红光形状

注意:半导体指示红光的激光辐射等级为 3b,所以不能用肉眼直视红光。

2) 红光指示器组件结构

红光指示器一般做成可调结构,配有光学镀膜或塑胶透镜调节光斑大小,一般使用 5 V 专用电源,使用寿命大于 8000 h,如图 4-43 所示。

图 4-43　红光指示器组件结构

3) 红光指示器主要安装方法

红光指示器一般装在专用安装支架上,包含底座及方向旋钮等部分,如图 4-44 所示。

2. 红光指示器安装定位方式分析

红光指示器安装在专用安装支架上,相当于用一个长内圆柱面定位元件来确定安装位置,如图 4-45 所示。

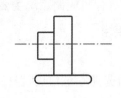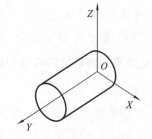

图 4-44　红光指示器调节架外形结构　　　**图 4-45　安装激光器调试光路 过程的定位方式分析**

从图 4-45 可以看出,此时红光指示器除了可以在 Y 方向移动和以 Y 轴为轴心转动外,X 方向移动、以 X 轴为轴心转动、Z 方向移动、以 Z 轴为轴心转动共四个自由度都受到了限制,属于满足部件安装定位要求的不完全定位方式。

4.2 射频 CO_2 激光打标机光路系统装调技能训练

4.2.1 光路系统器件装调技能训练概述

1. 光路系统器件装调技能训练描述

完成了激光打标机器件连接技能训练的工作任务以后,射频 CO_2 激光器便会产生合格的激光光束。

但是,此时产生的激光光束的各类特性并不能满足激光打标的生产要求,如光斑不够细、能量不够集中、光斑不能移动等,必须安装光路系统的各个光学元器件及其相关器件,使得激光光束能以要求的方式作用在工件上,以便满足加工的要求。

需要安装和调整的主要激光和光学器件有激光器、合束镜、扩束镜、红光、振镜、场镜等,如图 4-46 所示。

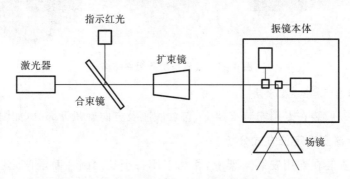

图 4-46 光路系统器件装调技能训练主要器件示意图

学习光路系统器件装调技能训练项目,你将掌握射频激励 CO_2 激光打标机光路系统主要元器件组成,会进行射频激励 CO_2 激光打标机光路系统主要元器件的安装、连接与测试。

2. 光路系统器件装调技能训练目标要求

1) 知识要求

(1) 了解振镜式射频 CO_2 激光打标机光路系统组成、器件的功能及工作原理。

(2) 掌握合束镜的工作原理与功能。

(3) 掌握扩束镜的工作原理与功能。

(4) 掌握二维振镜的工作原理、主要接口与功能。

(5) 掌握 f-θ 场镜组的工作原理与功能。

2) 技能要求

(1) 会填写射频 CO_2 激光打标机光路系统元器件领料单。

(2) 会正确安装激光器,调试光路。

（3）会正确安装合束镜，调试光路。

（4）会正确安装扩束镜，调试光路。

（5）会正确安装振镜，调试光路。

（6）会安装 $f\text{-}\theta$ 场镜，调试光路。

（7）会光路联调。

3）职业素养

（1）遵守设备操作安全规范，爱护实训设备。

（2）积极参与过程讨论，注重团队协作和沟通。

（3）及时分析总结光路系统器件装调技能训练项目进展过程中的问题，撰写翔实的项目报告。

3. 光路系统器件装调技能训练资源准备

1）设施准备

（1）1 台 10 W（或 30 W）射频 CO_2 激光打标机样机（主流厂家产品均可）。

（2）5～10 套射频 CO_2 激光打标机光学元器件、激光器和与之对应的配件。

（3）5～10 套品牌工控机及与之对应的系统软件、打标控制卡及与之对应的打标软件。

（4）5～10 套品牌钳工工具包。

（5）5～10 套品牌电工工具包。

（6）合适的多媒体教学设备。

2）场地准备

（1）满足激光加工设备的工作温度要求。

（2）满足激光加工设备的工作湿度要求。

（3）满足激光加工设备的电气安全操作要求。

3）资料准备

（1）主流厂家射频 CO_2 激光打标机使用说明书。

（2）主流厂家射频 CO_2 激光器使用说明书。

（3）主流厂家工控机使用说明书。

（4）与本教材配套的工作页。

4. 打标机光路系统器件装调技能训练任务分解

根据项目二的描述，我们可以把项目二再分解为四个相对独立的任务。

1）任务 1

认识光路系统元器件，安装激光器，调试光路，主要目的是让激光器产生的激光满足使用要求。

2）任务 2

安装、调试合束镜及相关元器件，主要目的是让通过合束镜产生的激光满足使用要求。

3）任务 3

安装、调试扩束镜及相关元器件，主要目的是让通过扩束镜产生的激光满足使用要求。

4）任务4

安装、调试振镜及相关元器件，主要目的是让通过振镜产生的激光满足使用要求。

上述四个任务完成后还要进行光路联调，光路联调是将上述四个任务联系起来统一检查，分析效果。

4.2.2　光路系统器件装调技能训练

在图4-46中，我们已经知道了射频 CO_2 激光打标机光路系统的主要器件组成。

光路系统器件装调技能训练的第一步工作是进行器件信息搜集与分析，掌握各器件的品牌、规格、性能、价格、作用等。

1. 搜集光路系统所有器件信息

搜集光路系统所有器件信息，填写表4-1。

表 4-1　光路系统器件信息表

类型	序号	名称	选型依据	供应商	规格型号	价格
主要器件	1	激光器				
	2	合束镜				
	3	指示红光				
	4	扩束镜				
	5	振镜				
	6	场镜				

2. 识别光路系统器件

识别光路系统器件，填写领料单，如表4-2所示。

表 4-2　光路系统所有器件领料单

领　料　单					No.		
领料项目：							
编码	名称	型号/规格	单位	数量	检验	备注

记账：　　　发料：　　　主管：　　　领料：　　　检验：　　　制单：

3. 制订光路系统器件装调工作计划

（1）制订激光器光路装调工作计划，填写表4-3。

表 4-3　激光器光路装调工作计划表

序号	工作流程		主要工作内容
1	任务准备	填写领料单	
		工具准备	
		场地准备	
		资料准备	
2	激光器装调工作计划	1	开机通电,检测激光器出光是否正常
		2	松开激光器固定螺钉
		3	在结构件前板出光孔粘贴单面美容胶带(或其他热敏纸)
		4	出射激光,调试激光器左右位置使激光光斑位于美容胶带(或其他热敏纸)中心
		5	在振镜连接颈前端面粘贴单面美容胶带(或其他热敏纸)
		6	出射激光,调试激光器左右位置使激光光斑位于美容胶带(或其他热敏纸)中心
		7	如有必要,重复以上步骤,确保激光光斑既在前板出光孔中心,又在振镜连接颈前端中心穿过
		8	拧紧固定螺钉,固定激光器位置
3	注意事项		1. 激光器上下位置一般不要调整,确有必要可以微调。 2. 激光器前后位置尽量离前板距离远一点,以各安装器件无干涉为原则

（2）制订合束镜装调工作计划,如表 4-4 所示。

表 4-4　合束镜(指示红光)光路装调工作计划表

序号	工作流程		主要工作内容
1	任务准备	填写领料单	
		工具准备	
		场地准备	
		资料准备	
2	合束镜(指示红光)装调工作计划	1	开机通电,检测激光器出光是否正常
		2	取出合束镜片,检查外观质量与型号
		3	判断合束镜的透光面和反射面,粘接(或压接)合束镜
		4	取出红光指示器,检查外观质量
		5	通电,出射红光,将红光调至最小焦点
		6	将指示红光安装在合束镜支架中,并固定指示红光和红光激光器
		7	将合束镜支架固定在合束镜架上
		8	在振镜连接颈前端面粘贴单面美容胶带(或其他热敏纸)
		9	出射激光,调节合束镜支架上定位螺钉位置,使红光光斑与激光光斑重合,调节好后固定位置
3	注意事项		1. 粘接合束镜时,502胶水应尽可能涂抹在镜片边缘,接触面积小。 2. 压接合束镜时,三个螺丝的受力应尽可能均匀

（3）制订扩束镜装调工作计划，如表 4-5 所示。

表 4-5　扩束镜装调工作计划表

序号	工作流程	主要工作内容	
1	任务准备	填写领料单	
		工具准备	
		场地准备	
		资料准备	
2	扩束镜装调工作计划	1	开机通电，检测激光通过合束镜后出光是否正常
		2	取出扩束镜，检查外观质量与型号
		3	判断扩束镜的进光端和出光端
		4	将扩束镜装入振镜连接颈内表面底部的四个螺钉上
		5	在振镜连接颈前端面粘贴单面美容胶带（或其他热敏纸）
		6	出射激光，调节振镜连接颈内表面底部的四个螺钉位置，使激光光斑位于美容胶带（或其他热敏纸）中心，红光光斑与激光光斑重合，调节好后固定位置
3	注意事项	1. 振镜连接颈内表面上部的两个螺钉用于扩束镜调节完成后固定调节位置，开始调节时应该完全松开。2. 振镜连接颈内表面的螺钉位置应尽可能一致	

（4）制订振镜（场镜）装调工作计划，如表 4-6 所示。

表 4-6　振镜（场镜）光路装调工作计划表

序号	工作流程	主要工作内容	
1	任务准备	填写领料单	
		工具准备	
		场地准备	
		资料准备	
2	振镜（场镜）装调工作计划	1	开机通电，检测激光通过扩束镜后出光是否正常
		2	取出振镜本体，检查外观质量与型号
		3	测试振镜电源
		4	测试振镜电源与转换卡信号线
		5	测试转换卡电源线
		6	安装振镜本体在相应位置
		7	调整振镜外壳水平位置，锁紧螺丝
		8	检查振镜 x、y 镜片在极限位置是否相互碰撞，有则调整至正常位置

序号	工作流程	主要工作内容	
2	振镜(场镜)装调工作计划	9	振镜系统通电,观察振镜是否正常工作
		10	打开指示红光,检查光斑是否在振镜 x、y 镜片中心,不在中心则微调红光位置
		11	打开软件,插入加密狗,做 100 mm×100 mm 正方形图案,出射激光
		12	检查激光图形,若有缺角,则调整振镜 X、Y 轴位置,若无缺角,则锁紧振镜本体
		13	取出(场镜),检查外观质量与型号
		14	安装场镜在振镜本体相应位置
		15	出激光,调节焦距,观察聚焦后图形形状,初步判断误差类型,完成项目二工作任务
3	注意事项	1. 在熟练掌握调试过程前不要随便打开振镜本体,否则容易导致镜片损坏。 2. 安装场镜时注意不要和振镜本体镜片干涉	

4. 实战技能训练

实际安装光路系统器件,填写表 4-7。

表 4-7　光路系统器件装调工作记录表

工程流程	工作内容	工作记录	存在的问题及解决方案
任务准备	填写领料单		
	器件准备		
	工具准备		
	环境准备		
激光器装调工作流程			
合束镜(指示红光)装调工作流程			

续表

工程流程	工作内容	工作记录	存在的问题及解决方案
扩束镜装调工作流程			
振镜（场镜）装调工作流程			

5. 任务检验与评估

任务检验与评估，填写表 4-8。

表 4-8　光路系统装调质量检查表

项目任务	器件装调检测	作业标准	作业结果质检 合格	作业结果质检 不合格
任务 1	激光器出光	激光器型号准确，外观无划痕、损伤或污染		
		激光器电源连接正确，输入电压在额定范围		
		激光器控制信号连接正确		
		激光器参数设置正确完整		
	激光器光路调整	激光器出光方向朝前板，激光与前板出光孔中心重合		
		激光与振镜连接颈后端中心重合		
		固定螺丝紧固，与其他器件无干涉		
任务 2	合束镜装调	合束镜外观无划痕、损伤或污染		
		合束镜型号准确		
		合束镜准确固定于合束镜架上		
		激光通过合束镜后与振镜连接颈后端中心重合		
	指示红光装调	指示红光型号准确，外观无划痕、损伤或污染		
		指示红光电源连接正确，输入电压在额定范围		
		指示红光准确固定于合束镜架上		
		指示红光通过合束镜后在振镜连接颈后端中心与激光基本重合		

续表

项目任务	器件装调检测	作 业 标 准	作业结果质检	
			合格	不合格
任务 3	扩束镜装调振	扩束镜外观无划痕、损伤或污染		
		扩束镜型号准确		
		扩束镜安装方向正确		
		扩束镜定位螺钉位置准确		
		激光通过扩束镜后与振镜连接颈后端中心重合		
		指示红光通过合束镜后在振镜连接颈后端中心与激光基本重合		
		扩束镜固定螺丝紧固,与其他器件无干涉		
任务 4	振镜装调	振镜本体型号准确,外观无划痕、损伤或污染		
		振镜本体电源连接正确,输入电压在额定范围		
		振镜本体 X 轴控制信号连接正确		
		振镜本体 Y 轴控制信号连接正确		
		振镜本体保护信号连接正确		
		振镜本体安装定位准确,与工作台水平方向一致,连接牢固		
		振镜系统器件连接准确		
		振镜系统通电可完成激光光束及指示红光的平面标刻工作		
	f-θ 场镜装调	场镜型号准确,外观无划痕、损伤或污染		
		振镜进光孔表面与 f-θ 场镜外圈面的垂直度不大于 0.2 mm		
		f-θ 场镜调试合适,焦平面应在同一水平上		
		f-θ 场镜工作范围可达 100 mm×100 mm		

激光打标机整机装调知识与技能训练

5.1 激光打标机整机装调知识

5.1.1 图形失真与校正知识

1. 图形失真知识

1) 振镜系统失真

振镜式激光打标机在安装和更换光学系统的器件后会产生图形失真现象,主要包括枕形失真、线性失真和在平面场上成像光束的焦点误差等,如图 5-1 所示。

通过 f-θ 聚焦场镜可以使得激光光束能够聚焦在同一焦平面上,对焦点误差进行部分校正,但无法实现对 X 轴枕形失真校正,并会产生 Y 轴方向的桶形失真。图形失真是由振镜工作方式所决定的一种固有现象,解决的方法是对振镜失真进行校正。切割前需要对振镜进行校正。

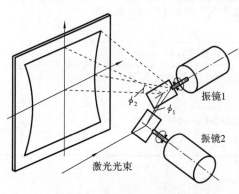

图 5-1 振镜系统失真示意图

振镜系统失真校正的方法有两种:一种是硬件校正方法,它是在现有的模拟振镜信号的数/模转换卡后增加一块校正卡,再将信号传送到振镜,或调节振镜驱动卡上的电位器来实现校正目标,目前使用得较少;另一种是软件校正方法,它是使用打标软件自带的校正功能,将振镜信号按照一定的方式处理后传送给模拟振镜信号的数/模转换卡,再将信号传送到振镜来实现校正目标,目前使用得较多。

软件校正具体可以分为增量补偿、校正表、最小二乘拟合等几种方法,图 5-2 为校正前后图形对比示意图。

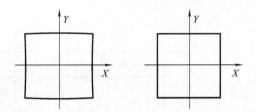

图 5-2 图形失真校正前、后对比示意图

2）图形失真类型

仔细观察失真图案可以发现以下规律：

（1）少部分图形只有形状变化，没有尺寸变化，如图 5-3 所示。

标准图形　　　实际图形1　　　实际图形2

图 5-3 形状变化、尺寸不变的图形

（2）大部分图形既有形状变化，又有尺寸变化，如图 5-4 所示。

3）图形形状变化知识

（1）光学畸变及畸变程度：光学畸变是指按测试键试打方形时，其边线不是直线，图案不是标准方形，而是内凹或外凸的曲线，如图 5-5 所示。

从图 5-5 还可以看出畸变程度的简单判定方法：h 是畸变曲线两个端点的连线到曲线最高点的垂直距离，a 是畸变曲线两个端点的连线长度，h/a 数值越大，畸变程度越高。

打标时一般使 h/a 数值小于某一个规定值，如 1/200 或肉眼看不到明显的畸变变形等，即可认为畸变程度满足要求。

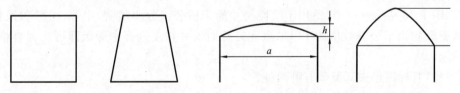

图 5-4 形状、尺寸都变化的图形　　　**图 5-5 畸变及畸变程度判定方法**

（2）梯形失真：梯度失真是指按测试键试打方形时，其边线虽然是直线但图形不是标准方形，而是呈梯形，如图 5-6 所示。

4）图形尺寸变化知识

（1）尺寸及尺寸精度：尺寸是表示产品直径、长度、中心距等数值的特定参数，尺寸及尺寸精度有以下几个基本概念，如图 5-7 所示。

① 基本尺寸：基本尺寸是加工中想得到的理想尺寸，它与实际尺寸有一定差距。

② 极限尺寸：极限尺寸是允许实际尺寸变化的两个极限值，其中较大的一个称为最大极限尺寸，较小的一个称为最小极限尺寸。

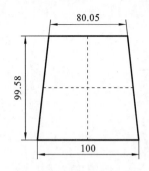

图 5-6 梯形失真判定方法

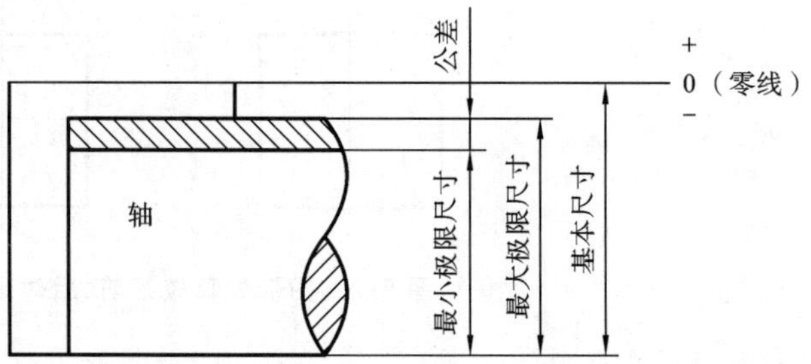

图 5-7 尺寸及尺寸精度基本概念

③ 实际尺寸:实际尺寸是通过测量获得的实际工件测量值,由于测量时存在测量误差,所以实际尺寸并非尺寸的真实值。

④ 尺寸公差:尺寸公差是加工零件实际尺寸的允许变动量,等于最大极限尺寸与最小极限尺寸代数差的绝对值。例如,某种产品最大极限尺寸与最小极限尺寸分别为 $100+100\mu$ 和 $100+60\mu$,那么它的尺寸公差就是 40μ。例如,某种产品最大极限尺寸与最小极限尺寸分别为 $100+100\mu$ 和 $100-100\mu$,那么它的尺寸公差就是 200μ。

⑤ 尺寸精度与公差等级:尺寸精度是用来控制加工工件的实际尺寸允许变化范围的量度,一般用公差等级来确定尺寸精度的等级。

在国标 GB/T 1804—2000 中规定公差等级分为 20 个等级,从 IT01、IT00、IT1、IT2~IT18,数字越小,公差等级(尺寸精度)越高,尺寸允许的变动范围(公差数值)越小。

注意,不同的基本尺寸使用同一公差等级时,公差范围是不同的,如图 5-8(a)所示。

(2) 未注公差的尺寸精度与公差等级:我们常常会看到加工图纸上的尺寸不标注公差等级,但是不标注公差等级不等于没有公差要求,无论是否标注,尺寸精度要求都是存在的且由国家标准规定。

在 GB 1804—79 中未注公差尺寸的极限偏差,公差等级规定为 IT12~IT18,激光打标时尺寸精度高于 IT12 即可认为合格。

在 GB/T 1804—2000 中,适用于线性尺寸的未注公差分为精密、中等、粗糙和最粗 4 个级别,精密级相当于公差数值的 IT11,激光打标时尺寸精度选择中等级即可认为合格,如图 5-8(b)所示。

想一想:打标图形失真类型有哪两种?

做一做:用游标卡尺测量一个打标产品尺寸并标注出来。

2. 图形校正知识

1) 图形校正步骤

由于图形形状变化会导致尺寸变化,对于一个失真的图形,软件校正时应该先校正形状变化,再校正尺寸变化,其校正过程如图 5-9(a)、(b)、(c)所示。

图形失真校正过程是在打标软件中设备区域参数界面来实现的,在第 3.2.3 节已介绍过,这里实际应用即可。

2) 畸变(桶形)校正实施主要步骤

(1) 设定校正标准,如 $h/a=1/200$ 或其他规定标准。

基本尺寸		公差值														
大于	到	IT4	IT5	IT6	IT7	IT8	IT9	IT10	IT11	IT12	IT13	IT14	IT15	IT16	IT17	IT18
		μm								mm						
—	3	3	4	6	10	14	25	40	60	0.10	0.14	0.25	0.40	0.60	1.0	1.4
3	6	4	5	8	12	18	30	48	75	0.12	0.18	0.30	0.48	0.75	1.2	1.8
6	10	4	6	9	15	22	36	58	90	0.15	0.22	0.36	0.58	0.90	1.5	2.2
10	18	5	8	11	18	27	43	70	110	0.18	0.27	0.43	0.70	1.10	1.8	2.7
18	30	6	9	13	21	33	52	84	130	0.21	0.33	0.52	0.84	1.30	2.1	3.3
30	50	7	11	16	25	39	62	100	160	0.25	0.39	0.62	1.00	1.60	2.5	3.9
50	80	8	13	19	30	46	74	120	190	0.30	0.46	0.74	1.20	1.90	3.0	4.6
80	120	10	15	22	35	54	87	140	220	0.35	0.54	0.87	1.40	2.20	3.5	5.4
120	180	12	18	25	40	63	100	160	250	0.40	0.63	1.00	1.60	2.50	4.0	6.3
180	250	14	20	29	46	72	115	185	290	0.46	0.72	1.15	1.85	2.90	4.6	7.2
250	315	16	23	32	52	81	130	210	320	0.52	0.81	1.30	2.10	3.20	5.2	8.1
315	400	18	25	36	57	89	140	230	360	0.57	0.89	1.40	2.30	3.60	5.7	8.9
400	500	20	27	40	63	97	155	250	400	0.63	0.97	1.55	2.50	4.00	6.3	9.7

(a)

公差等级	尺寸分段							
	0.5~3	3~6	6~30	30~120	120~400	400~1000	1000~2000	2000~4000
f(精密级)	±0.05	±0.05	±0.1	±0.15	±0.2	±0.3	±0.5	—
m(中等级)	±0.1	±0.1	±0.2	±0.3	±0.5	±0.8	±1.2	±2
c(粗糙级)	±0.2	±0.3	±0.5	±0.8	±1.2	±2	±3	±4
v(最粗级)	—	±0.5	±1	±1.5	±2.5	±4	±6	±8

(b)

图 5-8 公差等级表(部分)及未注公差级别示意图

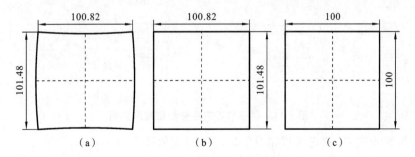

图 5-9 图形校正步骤示意图

（2）测量并记录图形校正前的 h 值和 a 值，注意正确阅读游标卡尺的尺寸。

（3）判断 h/a 值是否满足校正标准要求。

（4）若需进行畸变（桶形）校正，则在软件中单击"参数"，打开校正界面，记录校正前区域参数的相关数值，如图 5-10(a) 所示。

（5）进行畸变（桶形）校正，直到 h/a 值满足校正标准要求，记录校正后区域参数的相关数值，如图 5-10(b) 所示。

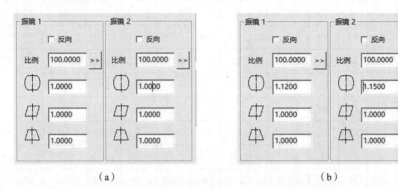

图 5-10 畸变（桶形）校正前后参数比较示意图

如果只有畸变（桶形）失真，校正过程完成后图形的变化如图 5-9(a)、(b) 所示。

3）梯形校正实施主要步骤

（1）设定校正标准，如为肉眼看不出明显梯形或其他规定标准。

（2）测量并记录图形校正前的相关参数值，判断其值是否满足校正标准要求。注意正确阅读游标卡尺的尺寸。

（3）若需进行梯形校正，则在软件中单击"参数"，打开校正界面，记录校正前区域参数的相关数值，如图 5-11(a) 所示。

（4）进行梯形校正，直到测量值满足校正标准要求，记录校正后区域参数的相关数值，如图 5-11(b) 所示。

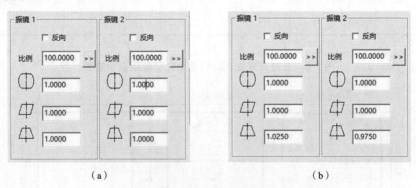

图 5-11 梯形校正前后参数比较示意图

如果只有梯形失真，校正过程完成前后图形的变化如 5-12(a)、(b) 所示。

4）平行四边形失真校正实施主要步骤

（1）设定校正标准，如为肉眼看不出明显平行四边形或其他规定标准。

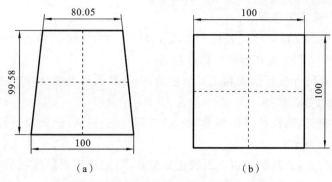

图 5-12　梯形失真校正前后图形变化示意图

（2）测量并记录图形校正前的相关参数值，判断其值是否满足校正标准要求。注意正确阅读游标卡尺的尺寸。

（3）若需进行平行四边形校正，则在软件中单击"参数"，打开校正界面，记录校正前区域参数的相关数值，如图 5-13(a)所示。

（4）进行平行四边形校正，直到测量值满足校正标准要求，记录校正后区域参数的相关数值，如图 5-13(b)所示。

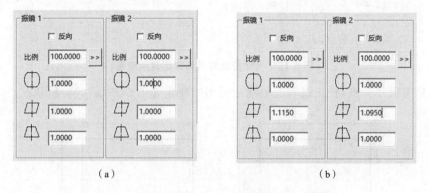

图 5-13　平行四边形校正前后参数比较示意图

如果只有平行四边形失真，校正过程完成前后图形的变化如图 5-14(a)、(b)所示。

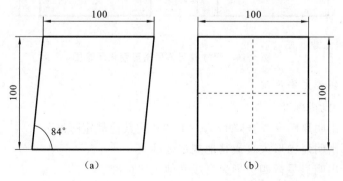

图 5-14　平行四边形失真校正前后图形变化示意图

5）尺寸校正实施主要步骤

（1）设定校正标准，如尺寸公差按照 GB/T 1804—2000 m 级执行，未注尺寸公差按照 GB/T 1800.1—2009 IT12 或其他规定标准执行。

（2）测量并记录尺寸校正前的相关参数数值，判断其值是否满足校正标准要求。注意正确阅读游标卡尺的尺寸。

（3）若需进行校正，则在软件中单击"参数"，打开校正界面，记录校正前区域参数的相关数值，如图 5-15（a）所示。

（4）进行尺寸校正，直到测量值满足校正标准要求，记录校正后区域参数的相关数值，如图 5-15（b）所示。

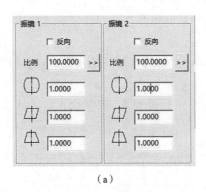 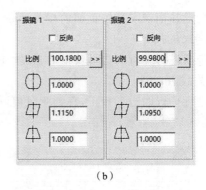

（a）   （b）

图 5-15　尺寸校正前后参数比较示意图

如果只有尺寸失真，校正过程完成前后图形的变化如图 5-16（a）、（b）所示。

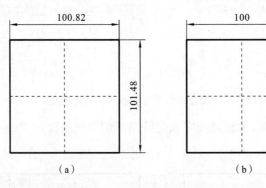

（a）   （b）

图 5-16　尺寸校正前后图形变化示意图

6）综合校正实施主要步骤

（1）设定综合校正标准。

① 肉眼看不出明显畸变失真，如 $h/a=1/200$ 或其他规定标准。

② 肉眼看不出明显梯形失真或其他规定标准。

③ 肉眼看不出明显平行四边形失真或其他规定标准。

④ 尺寸公差按照 GB/T 1804—2000 m 级执行，未注尺寸公差按照 GB/T 1800.1—2009 IT12 或其他规定标准执行。

（2）实际打标图形包含形状误差和尺寸误差，先确认打标图形形状失真的主要类型，再校正图形形状误差。

① 观察到图形梯形失真突出，先进行梯形校正，如图 5-17(a)所示。

② 梯形校正后出现明显图形畸变失真，再进行畸变校正，如图 5-17(b)所示。

③ 畸变校正后出现平行四边形失真，再进行平行四边形失真校正，如图 5-17(c)所示。

经过以上形状失真校正后得到一个合乎形状要求的图形，如图 5-17(d)所示。注意校正过程中要反复进行图形形状测量。

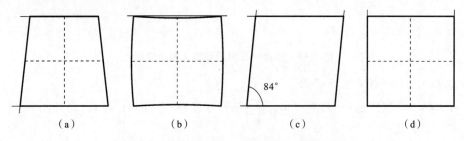

（a）　　　　　　（b）　　　　　　（c）　　　　　　（d）

图 5-17　打标图形形状失真校正过程示意图

（3）校正图形尺寸误差：符合形状要求的图形还要测量尺寸误差是否符合尺寸公差要求。如果正方形图形的尺寸公差标注为 100×100，实际测量的尺寸是 89.68×90.00，则要进行图形尺寸校正，如图 5-18(a)、(b)所示。

根据图形实测尺寸进行图形尺寸误差校正，最后得出测量尺寸为 $X = 100 + 0.20$，$Y = 100 + 0.20$ 的实际结果，满足图形尺寸误差校正要求，如图 5-18(c)所示。

校正过程结束，关掉所设置界面回到打标界面。

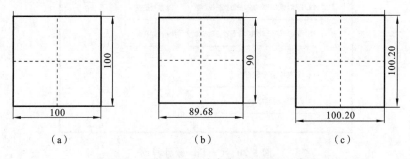

（a）　　　　　　　（b）　　　　　　　（c）

图 5-18　打标图形尺寸失真校正过程示意图

图 5-19 是综合校正前后参数比较示意图，可以看出软件校正时参数的变化是很小的。

不同打标软件图形失真校正过程中校正参数名称可能不太一致，但其基本原理相同。

想一想：打标图形形状失真类型有哪几种？

做一做：实施综合校正的全过程。

3. 打标机自带校正软件使用知识

在掌握了前述图形失真和校正知识后，可以使用打标软件厂家开发的自带校正软件，这样更能简单、便捷、精确地调试出振镜的参数，如 CorFile 校正软件。

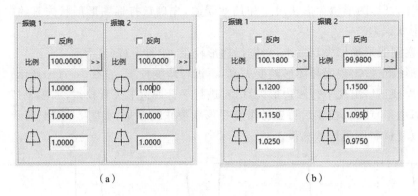

(a)　　　　　　　　　　　(b)

图 5-19　综合校正前后参数比较示意图

1) 认识 CorFile 校正软件界面

打开 EZCAD 软件包，找到 CorFile.exe 执行程序，双击打开程序，出现如图 5-20 所示的界面。

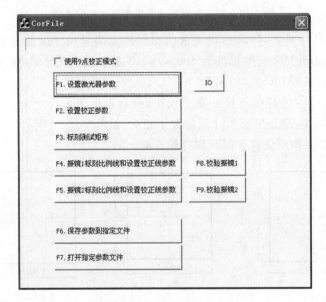

图 5-20　CorFile 软件界面

2) CorFile 校正软件普通校正步骤

普通校正指不选择"使用 9 点校正模式"选项时的校正模式。

(1) 激光器设置基本参数：单击 F1. 设置激光器参数 按钮，出现如图 5-21 所示的界面。大部分参数已在第 3.2.3 节做了说明，大家可以参考，其他几个参数的定义如下。

① 标刻速度：激光器出光状态下振镜的运转速度。

② 跳转速度：激光器非出光状态下振镜的运转速度。

③ 跳转延时：等待振镜到达指定位置的时间。

每次跳转运动完毕后，系统都会自动等待一段时间才继续执行下一条命令，实际跳转延时时间由如下公式计算：

$$跳转延时＝跳转位置延时＋跳转距离×跳转距离延时$$

④ 开光延时：标刻开始时激光开启的延时时间，设置适当的开光延时参数可以去除在标刻开始时出现的"火柴头"现象。但如果开光延时参数设置太大，则会导致起始段缺笔现象。可以为负值。

⑤ 关光延时：标刻结束时激光关闭的延时时间。设置适当的关光延时参数可以去除在标刻完毕时出现的不闭合现象。但如果关光延时设置太大，则会导致结束段出现"火柴头"现象。不能为负值。

⑥ 结束延时：等待激光完全关闭的时间。从关光命令发出到激光完全关闭，激光器需要一段响应时间，设置适当的结束延时参数就是为了给激光器充分的关光响应时间，以达到让激光完全关闭再进行下一次标刻的目的。适当的结束延时参数可以消除标刻时出现的"甩笔"现象。但如果结束延时参数太大，则会影响加工速度。结束延时参数不能为负值。

⑦ 多边形延时：对多边形的边角有影响。多边形延时参数设置过小，会使本来为直角的图形变成圆弧角；设置过大，直角的图形虽然是直角，但直角的顶点被标重。

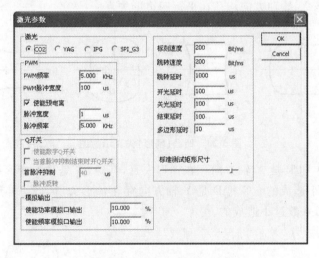

图 5-21 激光器设置基本参数

（2）校正振镜打标效果中存在的失真。

① 检查振镜情况：单击 F3. 标刻测试矩形 按钮，这时激光器会出射光，标刻出一个类似图 5-22 所示的矩形。

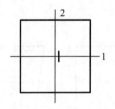

图 5-22 标刻测试矩形功能说明

图中十字交叉线中线 1 代表振镜 1 的轴线，线 2 代表振镜 2 的轴线；正方形代表标刻的矩形；线 1 上的短竖线表明 X 正向的位置，通过这条短线可以知道打出的标体的方向是否与要求的方向一致。在与图 5-22 同样的观察角度下，标刻出来的短线的不同位置决定了后面使用 EZCAD 软件时标刻出来的字母的不同方向（图中数字 1 和 2 是为了方便说明问题而后加入的辅助项，在打标结果中是没有的），如图 5-23 所示。

如果标体的方向与要求的方向不一致,可以通过 EZCAD 软件的更换代表 X 轴振镜的功能和反向功能来更改(详情请查询 EZCAD 软件使用说明书)。

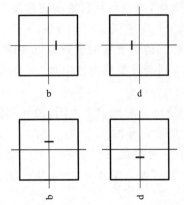

图 5-23　软件标刻字母不同方向示意图

② 调试振镜校正参数如下。

● 观察打出来的测试矩形是否存在失真。

振镜打标变形分为凹凸(桶形)失真、平行四边形失真以及梯形失真,而这三种失真又分为 X 方向和 Y 方向失真,如图 5-24、图 5-25、图 5-26 所示。

图 5-24 中的 A 和 B 是 X 轴存在凹凸(桶形)失真,A 是凹凸变形系数过小造成的,B 是凹凸变形系数过大造成的。C 和 D 是 Y 轴存在凹凸(桶形)失真,C 是凹凸变形系数过小造成的,D 是凹凸变形系数过大造成的。

图 5-25 中的虚线是为了方便说明问题而后加入的辅助项,在打标结果中是没有的。其中 A 为标准效果,B 是 X 轴方向存在平行四边形失真,C 是 Y 轴方向存在平行四边形失真,D 是 X、Y 轴方向均存在平行四边形失真。

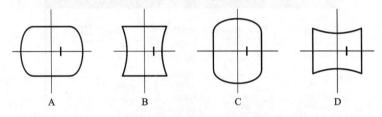

图 5-24　凹凸(桶形)失真示意图

图 5-26 中的 A 和 B 是 X 轴方向存在梯形失真,其中,A 是梯形变形系数过大造成的,B 是梯形变形系数过小造成的。C 和 D 是 Y 轴方向存在梯形失真,C 是梯形变形系数过大造成的,D 是梯形变形系数过小造成的。

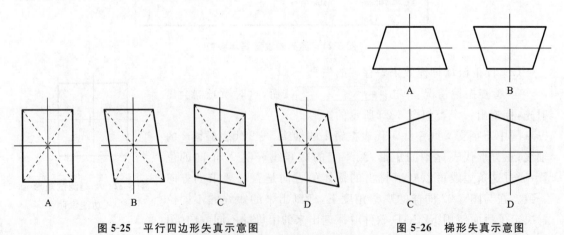

图 5-25　平行四边形失真示意图　　　　图 5-26　梯形失真示意图

● 振镜校正参数。单击 `F2. 设置校正参数` 按钮,弹出"振镜校正参数"对话框,如图 5-27 所示。

校正参数对话框的使用在第 3.2.3 节已做了说明,大家可以参考。

我们把标刻出来的矩形与标准矩形比较,然后根据前面所讲的内容进行参数的修改。

③ 再次单击 <kbd>F3. 标刻测试矩形</kbd> 按钮,观察是否还存在失真,如果存在,再次执行以上操作,然后再标刻并观察修改参数,直到标刻的矩形达到要求为止。

(3) 校正振镜的比例参数如下。

① 校正振镜 1 的比例参数:单击 <kbd>F4. 振镜1标刻比例线和设置校正线参数</kbd> 按钮,这时激光器会出光,标刻出一个如图 5-28 所示的图形,标刻完毕后系统自动会出现如图 5-29 所示的振镜理论状态,要求用户把所有标刻比例线到中心线的实际距离(即图 5-29 中数字 1~16 代表的线的长度)填到对应的编辑框里,如图 5-30 所示。

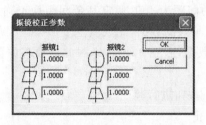

图 5-27 "振镜校正参数"对话框

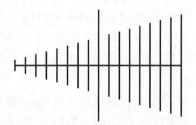

图 5-28 激光器出光自带测试图形

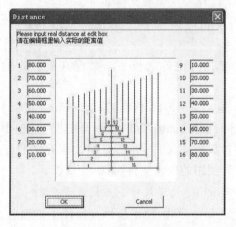

图 5-29 振镜理论状态

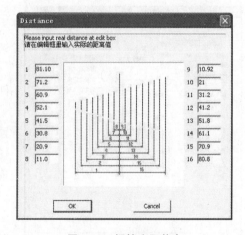

图 5-30 振镜实际状态

注意:一定要把每条线到中心线的实际测量距离填到对应的编辑框里,否则会导致最后的校正参数文件出错。

② 验证校正振镜 1 的效果如下。

● 单击 <kbd>F6. 校验振镜1</kbd> 按钮,对振镜 1 比例的调试效果进行验证。

校正软件根据在图 5-30 中填入的数据自动生成比例,此时激光器会按照校正后的比例标刻出如图 5-31 所示的实际图形。

图中相临两段竖线之间的标准距离是 5 mm,可以量取实际的线间距的值,如果与标准距离相等,则证明校正准确;如果某两段线之间的距离不等于标准间距,则说明校正存在误差,需要进行修正。

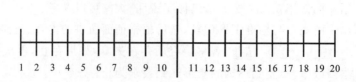

图 5-31　激光器出光实际测试图形

● 修正方法:首先从图 5-31 所示的中心线开始向两边测量,看看哪两条线之间的间距不是 5 mm,然后量取中心线到较远的那条线的距离,与图 5-30 中所填数值对比,看看这个距离在哪两个数值之间,调整较大的那个数值。

调整规则:如果线间距大于 5 mm,则把需要调整的数值增大,否则就减小该数值。

举例来说,若测量得到图 5-31 中线 5 与线 6 的间距为 4.9(假定其余间距均正确),则此时线 5 与中心线的距离为 29.9。根据图 5-30 中所填入的数据,此数值位于"6"和"7"之间。

根据上述规则,需要调整其中较大的"6"中的数据,因 4.9 小于 5,因此需要将原值 30.8 减小。

单击"OK"按钮退回初始界面,再次单击 [F8.校验振镜1] 按钮进行验证。

反复进行上述操作,直到验证校正完全准确为止。

振镜 2 的校正方法可以按振镜 1 的校正方法进行。

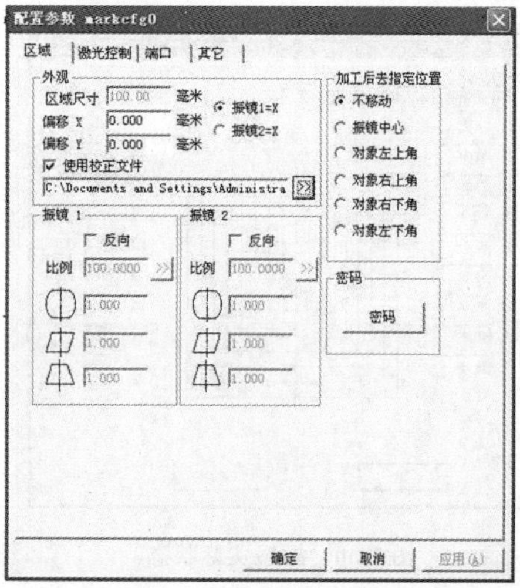

(4) 保存校正参数文件如下。

① 单击 [F6.保存参数到指定文件] 按钮,弹出"保存"对话框。

② 把用户调好的校正参数保存到指定的文件中。

③ 退出 CorFile,然后启动 EzCad2 进入"配置参数"对话框,如图 5-32 所示,在此对话框中选择使用参数校正文件,并指定刚才保存的校正参数文件为使用的校正文件。

图 5-32　保存校正参数文件为使用的校正文件示意图

3) CorFile 校正软件 9 点校正步骤

在完成 CorFile 校正软件普通校正步骤后,可以进一步使用 9 点校正功能进行振镜高精度校正。

9 点校正的前提是振镜标刻的 X 轴与 Y 轴必须互相垂直,而且轴线不能弯曲。

(1) CorFile 软件 9 点校正界面如图 5-33 所示。

(2) 9 点校正激光器参数设置与使用普通校正时的激光器参数设置相同。

(3) 校正振镜打标效果中存在失真,则

① 9 点校正:单击 [F3.标刻9点测试距形] 按钮,标刻完后会出现如图 5-34 所示的界面。

其中的数字共有 9 个,代表 9 点校正,数字 5 代表原点,5 后面的一条小竖线表明了此方向为正方向,即 X 轴的正方向为从数字 4 到数字 6 的方向,Y 轴的正方向为从数字 8 到数字

2 的方向。

在图 5-34 中填入的数值是每个点到原点的垂直距离,需要实际测量再填入。

单击"OK"按钮后返回到图 5-33 所示的界面。

单击 [F8.校验校正后的标准矩形] 按钮,可以查看校正的效果。打出来的图形是带有十字交叉线和对角线的间隔为 5 mm 的正方形,且各条边是直的,则说明校正精度高,校正成功。继续进行 9 点校正,则会覆盖刚才 9 点校正结果。

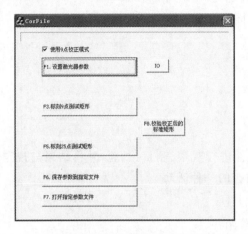 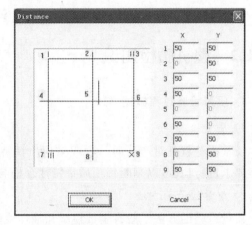

图 5-33　9 点校正界面　　　　　　　图 5-34　9 点校正测试矩阵

② 25 点校正:25 点校正较 9 点校正精度更高,但所需的数据量也更大。

单击 [F5.标刻25点测试矩形] 按钮,出现如图 5-35 所示的界面。

与进行 9 点校正类似,25 点校正共有 25 个数字,代表 25 点校正,数字 13 代表原点,数字 13 后面的一条小竖线表明了此方向为正方向,即 X 轴的正方向为从数字 11 到数字 15 的方向,Y 轴的正方向为从数字 23 到数字 3 的方向。

在图 5-35 中填入的数值是每个点到原点的垂直距离,需要实际量取后填入。

单击"OK"按钮后返回到图 5-33 所示的界面。

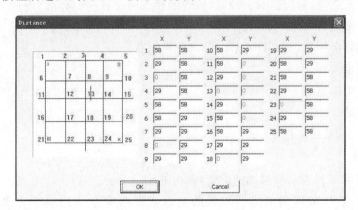

图 5-35　25 点校正测试矩阵

25 点校正结束后,单击 [F8.校验校正后的标准矩形] 按钮,可以查看校正的效果。打出来的图形是带有十字交叉线和对角线的间隔为 5 mm 的正方形,且各条边是直的,则说明校正精度高,校正

图 5-36　9 点校正与 25 点校正的转换

成功。

如果继续进行 25 点校正,则会在刚才 25 点校正的结果上累加,使校正精度更高。

如果进行 25 点校正后想重新进行 9 点校正,则单击 F3.标刻9点测试矩形 按钮后会出现如图 5-36 所示的界面,单击"确定"按钮即可。

(4) 保存校正参数文件:与普通校正步骤相同。

5.1.2　整机质检知识

1. 质量检验过程概述

1) 质量检验

质量检验就是对产品的一项或多项质量特性进行观察、测量、试验,并将结果与规定的质量要求进行比较,以判断每项质量特性合格与否的一种活动。

2) 质量检验的方法

质量检验的方法一般有全数检验和抽样检验两种。

3) 质量检验项目

(1) 外观,一般用目视、手触、对比样品等方式进行验证。

(2) 尺寸,一般用卡尺、千分尺等量具验证。

(3) 特性,如物理的、化学的、机械的特性,一般用检测仪器和特定方法来验证。

4) 质量检验依据

质量检验一般依据下列一项或多项进行。

(1) 技术文件、设计资料,如《外购件技术标准》《作业指导书》等。

(2) 有关检验规范,如《进货检验和试验控制程序》《工序检验标准》等。

(3) 国家标准,如《激光产品的安全》(GB 7247.1—2012)等。

(4) 行业或协会标准,如 TUV、UL、CCEE 等标准。

(5) 客户要求。

(6) 品质历史档案。

(7) 比照样品。

(8) 其他技术、品质文件。

5) 缺陷等级

检验中发现有不符合品质标准的瑕疵,称为缺陷。

(1) 致命缺陷:能或可能危害消费者的生命或财产安全的缺陷称为致命缺陷,用 CR 表示。

(2) 主要缺陷:不能达成产品使用目的的缺陷称为主要缺陷,用 MA 表示。

(3) 次要缺陷:并不影响产品使用的缺陷称为次要缺陷,用 MI 表示。

2. 打标机质量检验过程案例分析

图 5-37、图 5-38、图 5-39 是某公司生产一台双工位 3 W 水冷紫外打标机的检验文件,从检验文件上看出以下 9 项内容:① 检验对象;② 适用范围;③ 引用文件;④ 检验方式及抽样标准;⑤ 检验条件;⑥ 检验工具;⑦ 判定标准;⑧ 检验内容、方法和判定标准;⑨ 附图,其中最重要是第 7 项判定标准和第 8 项检验内容、方法和判定标准。

1) 判定标准

判定标准分为以下三项:

(1) 有一项或一项以上致命缺陷即判为不合格;

(2) 有一项或一项以上主要缺陷即判为不合格;

(3) 两项次要缺陷等同于一项重大缺陷。

2) 检验内容、方法和判定标准

检验内容、方法和判定标准可以分为以下 5 个大项、58 个小项和 90 个子项。

(1) 外观检验,共 3 个小项 11 个子项,如图 5-37 所示。

(2) 结构及安装工艺检验,共 5 个小项 11 个子项,如图 5-37 所示。

(3) 器件配置检查,共 13 个小项 16 个子项,如图 5-38 所示。

(4) 性能测试,共 31 个小项 43 个子项,如图 5-38、图 5-39 所示。

(5) 密码等级设置及包装检查,共 6 个小项 9 个子项,如图 5-40 所示。

1.0 检验对象	
双工位机台,3 W 水冷紫外,10 mm 模块方头,EMCC 打标控制卡,电动升降台	
2.0 适用范围	
适用于所有双工位机台,10 mm 方头,EMCC 打标控制卡,电动升降台	
3.0 引用文件	
作业指导书:《Draco 水冷激光控制器 D1S60-Q 使用说明书》	
4.0 检验方式及抽样标准	
全检	
5.0 检验条件	
常温检测、外观检测不用上电,性能检测须上电	
6.0 检验工具	
影像仪、激光功率计、绝缘测试仪	
7.0 判定标准	
7.1 有一项或一项以上致命缺陷即判为不合格	
7.2 有一项或一项以上主要缺陷即判为不合格	
7.3 两项次要缺陷等同于一项主要缺陷	
8.0 检验内容、方法和判定标准:	

图 5-37 打标机质量检验过程案例 1

项目	检验内容	检验标准及技术要求	检验结果			备注
			轻	重	致命	
外观检验	1.清洁（目测）	① 整机外表面干净、美观，无锈蚀、灰尘及油污，如模块方头、激光器、水冷激光控制器、主机柜、工控机、键盘、鼠标； ② 激光器或主机柜内无与整机无关的异物，如多余螺钉、线头、垫片等杂物	√			
	2.标识（目测）	① 整机各标识粘贴牢固且粘贴位置正确，标识内容正确，如激光标识、警示标识、防夹手标识等（见附图1、2，具体粘贴位置请参考作业指导书）； ② 整机标牌粘贴牢固且粘贴位置正确，标识内容正确、清晰、完整（见附图3）； ③ 机柜两侧贴有"Draco series Make a Difference"红色英文字体（见附图4）； ④ 核心物料粘贴防伪码标贴，并在检验表上记录其防伪号（包括模块方头、控制箱、激光器、驱动器、控制板、聚焦镜头、扩束镜、工控机、显示器、打标控制卡、加密狗）	√			
	3.感观效果（目测）	① 工作台面、主机柜、激光器、水冷激光控制器、控制箱等外表面无碰伤、划伤、掉漆等现象； ② 相同位置的螺钉、弹垫、平垫、螺母规格必须一致； ③ 整机外表面各部分色泽协调一致； ④ 各部分安装无遗漏（如螺钉、垫片、箱盖）； ⑤ 各按键、开关和指示灯安装位置准确（见参考作业指导书）	√			
结构及安装工艺检验	1.完整性	① 各部分安装无遗漏（如螺钉、垫片、箱盖等）； ② 地线连接完好（水冷激光控制器、控制箱、主机柜、工控机、外接地）； ③ 机柜四脚杯完整无损坏		√		
	2.牢固性	① 整机紧固件与紧固件部分的支撑面应紧密接触，不得有松动和错位； ② 各部件固定螺钉不得有松动； ③ 互连信号、电源电缆连接器、BNC信号线旋到位； ④ 各按键、开关和指示灯安装牢固无松动； ⑤ 显示器固定支架安装牢固，旋转流畅，对显示器信号线无干涉		√		
	3.线束走线要求	机柜内线束必须放入走线槽中，保持整体美的同时所有线束在升降过程中运动顺畅无干涉		√		
	4.门锁	各门锁安装牢固、开关灵活		√		
	5.方头与工作台的水平度检查	用水平尺分别测量方头与工作台水平度，模块方头与工作台相对平行		√		

续图 5-37

				✓		
器件配置检查	1.方头	名称:紫外模块化方头 规格:EPUV-02-000A-A 或 EP-02-000A-A		✓		
	2.激光器	DRACO-31S40　可选配		✓		
	3.Draco 水冷激光 控制器	① 检验合格; ② 随机标识牌编号与随机质量跟踪单一致; ③ 名称:Draco 水冷激光控制器;规格:DIS60-Q		✓		
	4.聚焦透镜	标配:$F=160$ mm;可选配:$F=100$ mm,$F=254$ mm		✓		
	5.扩束镜	标配:＊倍定倍扩束镜(具体以定制 BOM 为准)		✓		
	6.工控机	① 长城工控机(规格:116)或威达佳工控机(规格:58-A2); ② 同一客户保持工控机品牌的主要配置一致性,主要配置包括:CPU、内存、硬盘		✓		
	7.显示器	标配:17 寸液晶显示器		✓		
	8.打标控制卡	标配:EMCC 卡		✓		
	9.加密狗	标配:USB 式加密狗		✓		
	10.键盘	外观完好,按键功能正常		✓		
	11.鼠标	外观完好,按键功能正常,移动流畅		✓		
	12.操作系统	Windows XP		✓		
	13.打标软件	记录实际软件版本		✓		
性能测试	1.开机检测	① 给电源航插供电,保护开关 OFF 时整机电源被切断,(包括工控机)无法开机,保持开关 ON 时整机电源闭合,此时才能开机; ② 按控制面板上的开机/关机启动自复按键且按键灯亮时,面板上其他按键才有效,否则无效(照明灯按键除外); ③ 开机/关机按键灯亮时,主机柜风扇运转,自里往外吹风,开机/关机按键灯灭时,风扇停转		✓		
	2.三色警示 灯检查	① 红灯:初始化时,红灯闪亮,报警时红灯常亮; ② 黄灯:自检完毕待机状态,黄灯常亮; ③ 绿灯:打标时绿灯闪亮		✓		
	3.照明灯 检查	按机柜右侧的照明开关自锁按键,按下去照明灯亮且按钮灯亮,再按照明灯灭且按钮灯灭。按键应无不顺畅现象且多次开关后无异常		✓		
	4.电流调节 范围检查	查看 Draco 水冷激光控制器液晶显示屏,把光标移到 CURR 位置,再调节编码器旋钮帽,观察显示屏上的电流读数。顺时针旋转电流增大,反之电流减小,应在 9~45 A 范围内连续可调		✓		
	5.软件调 电流检查	打开打标软件,分别测试 10 A、20 A、30 A、35 A、45 A 电流段,再查看 Draco 水冷激光控制器液晶显示屏上 CURR 项显示电流与打标软件中设定的电流是否一致,软件设定电流与显示电流误差在±0.5 A 范围以内。软件调电流最小不低于 9 A,最大不高于 45 A		✓		

图 5-38　打标机质量检验过程案例 2

			√		
性能测试	6. 最小出光电流检查	激光器焦点处放置一张白纸,在调 Q 状态测试(30 kΩ),调大电流并观察实际出光电流值,刚好出现蓝色光斑时的电流则为最小出光电流。出光电流应不大于 25 A	√		
	7. Q 驱射频功率调节范围查看	查 Draco 水冷激光控制器"RF ON LEVEL"项,射频功率应在 5~20 W 范围内可调。射频功率可根据激光器锁光要求进行设置,默认设置为 15 W	√		
	8. Q 最大锁定电流/锁光功率	在不打标状态下,在镜头焦点处放一张相纸,相纸正面朝上。再将 Draco 水冷激光控制器选择电流项,将电流从小到大调节,调至烧伤相纸时则为最大锁定电流。最大锁定电流不小于 42 A 或最大锁光功率不小于 3 W	√		
	9. 光斑模式检查	导入软件中 BOX 图形,将其大小设置为镜头允许最大的打标范围内进行打标(100×100),再用白纸查看镜头光斑是否接近实心圆且光斑稳定、无明显抖动。在最大打标范围内光斑不缺光	√		需戴防护眼镜观看
	10. 光斑位置检查	位于扩束镜和振镜片中心	√		
	11. 最大调 Q 激光功率	在不装聚焦镜的情况下使用激光功率计测试: 在打标软件中调入圆形图形,大小设置为 0.5;将电流调到 45 A,按要求设置 Q 频率和释放时间(30 kHz/32 μs),在打标情况下测试最大调 Q 激光功率,最大调 Q 激光功率不小于 3 W	√		
	12. BOX 的实际要求	在打标软件中调入 TEST 图形,设置其边长并在钢板上进行打标,用直尺测量 BOX 各边边长,并观察打标过程中激光强度是否均匀。用 3D 影像仪观察 BOX 的直线有无干扰,每个光点是否接近圆形,拐角为标准直角,无圆弧形正,且方形每一边的直线弯曲程度不能超过线宽为 0.2 mm 的实心直线。 注意:BOX 大小、BOX 边长误差、对角线误差与聚焦镜头的焦距相关,详见附表 1	√		
	13. 打标方向	BOX 打标时是从左上角开始并沿顺时针方向进行的	√		

续图 5-38

性能测试	14. 能量均匀度检查	在钢板上用相对比较小(若能量比较小时,激光出光不稳定,此时要将能量控制得大一点)的能量测试整个范围内打标线条或激光点的均匀度。用最大范围 BOX 打标,设置填充 0.5 mm 的平行线或交叉平行线,观察打标区域内平行线条或激光点的颜色变化、是否缺光、光点的大小;观察打标过程中火花的大小是否一致	√		
	15. 曲线直线检查	在打标软件中调入 3SHAPE 及 BBB 图形文件(20×20),用常用参数在铝片上打标(打标速度:400 mm/s,Q 频:20 kHz,其他参数默认)观察直线和曲线上激光打点的分布是否均匀,线条是否平滑,封闭图形是否能够封闭,每一个点的能量大小和圆度保持较好的一致性	√		

图 5-39　打标机质量检验过程案例 3

	16.圆形和 BBB 图形的实际要求检查	在打标软件中调入 3SHAPE 图形和 BBB 图形,图形大小为:20×20,并在铝片上打标,用 3D 影像仪观察其打标效果: ① 圆形不失真,线条光滑,起笔与收笔处封口完好,无重点及错位现象 ② 直线无波浪线	√		
	17.填充效果检查	导入软件中 BOX 图形(20×20),填充线间距为 0.1 mm,用常用打标参数在铝片上打标,用 3D 影像仪观察其打标效果: ① 图形无变形; ② 相邻填充线之间间隔相等; ③ 线条未出边框范围,允许线条轻微出边,但不超过 1/3 点直径	√		
	18.最小光斑检查	用铝片测试,输入一个单线条"8",字高设为 0.15 mm。用 3D 影像仪观察其打标效果: ① "8"字笔画清晰; ② 笔画接口完整	√		
性能测试	19.脚踏开关功能检查	在打标软件中调入图形启动打标程序,然后短接机柜脚踏信号 BNC 头。触发一次,软件打标一次,同时旋转工作台运行一次	√		
	20.打标重复精度检查	在打标软件中导入 TEST 图形,设置其 BOX 大小并居中,连续打标 5 次,观察打标位置,打标的图形能重合	√		
	21.开关机及振镜飘移检查	在打标软件中导入 TEST 图形,设置其大小并居中(15×15),打标一次,然后按顺序关机,关机后再开机,导入关机前同样大小的图形及参数再打标一次,检查打标重复精度: ① 能顺利开关机; ② 工作无异常; ③ 图形无偏移	√		
	22.打标模式检查	打标模式分为自动、手动两种控制模式: ① 自动打标模式:自动/手动按键灯亮为自动模式,同时按控制面板上的两个旋转打标按键,此时旋转工作台打标一次结束后会自动连续运转,不触发一次工作台不会自动连续运转; ② 手动打标模式:自动/手动按键灯灭为手动模式,同时按控制面板上的两个旋转打标按键,旋转工作台触发一次,打标一次,打标结束后不会自动旋转; ③ 工作台转动灵活,无卡滞现象	√		
	23.旋转工作台定位精度检查	在打标软件中导入 TEST 图形,设置其大小为 10×10,打标速度设为 3500 mm/s,在固定的相纸上自动旋转连续打标 3 次,再用 3D 影像仪观察这 3 次图形的横向、纵向是否重合,有无错位现象,允许误差不能超出单个光斑的 1/3	√		

续图 5-39

性能测试	24.光幕检查	① 在旋转工作台自动旋转过程中,将手伸到光幕位置,旋转工作台应立即停止转动; ② 将手收回后,旋转工作台应恢复旋转		√	
	25.多文档打标功能检查	① 在打标软件中建立两个不同图形的文档 HS1、HS2; ② 单击打标软件中"外部信号选择文档打标"图标,弹出一个"外部信号选择文档打标"界面,光标移至 HS1 处,单击"属性"按钮,会出现"设置文档对应信号"界面,单击获取当前值,会自动获取一个值,再单击"确定"按钮退出此界面。在手动打标模式下触发一次旋转工作台,将光标移至 HS2 处以同样的方式获取一个值后,再按旋转打标,此时无论在手动或自动模式下打标,都是按照获取模式运行,HS1、HS2 交叉打标		√	
	26.水压报警	用手将水管对折,冷水机报警灯亮且蜂鸣器发出报警声,Draco 水冷激光控制器液晶屏闪烁并显示系统报警,三色指示灯红灯常亮同时无电流输出,Draco 水冷激光控制器处于锁定状态,需要重新启动机器		√	
	27.水温报警	将冷水机高温报警参数设置成低于冷水机实际水温时,冷水机报警灯亮且蜂鸣器发出报警声,Draco 水冷激光控制器液晶屏闪烁并显示系统报警,三色指示灯红灯常亮同时无电流输出,Draco 水冷激光控制器处于锁定状态,需要重新启动机器		√	
	28.急停开关检查	机器运行过程中按下该按钮会切断整机电路(除工控机外)		√	
	29.主梁升降台性能检查	主梁升降台为电动控制方式: ① 在控面板上主梁升降台选项中有三个自复按键,分别为使能、上升、下降;使用时"使能"自复按键灯必须按亮,否则按"上升""下降"按键时无效。升降台上下运行顺畅,无噪声及卡滞现象,方向正确; ② 上下限位开关功能正常,没有机械挤压或干涉现象; ③ 刻度标识清晰、完整; ④ 整机检验完毕后升降台降至最低		√	
	30.绝缘电阻	空气开关、钥匙开关、急停开关应处于导通位置。被测设备的总电源输入端 N 线和 L 线短接,对电源地线进行绝缘测试,绝缘值大于 5 MΩ			√	
	31.整机老化	连续老化 8 h 以上,且打标效果达到工艺效果检验标准的要求。老化时设置打标速度在 500～2500 mm/s 范围内,在打标软件中导入 BBB(50×50)图形循环打标,老化电流设置为 25 A		√	

续图 5-39

密码等级设置及包装检查	1. 风冷激光控制器密码设置	所有性能检查合格后将 Draco 水冷激光控制器密码等级设置为 1 级。Draco 水冷激光控制器在默认界面持续按 FUNC 键 3 s 以上,则进入密码设置界面。密码为 1064,默认密码等级为 2,将其密码等级改为 1	√		
	2. BOX 参数/打标软件备份检查	整机检验合格后将 BOX 参数/打标软件备份至工控机系统盘以外的其他盘及 U 盘中(默认 D 盘备份有打标软件、操作系统、BOX 参数)	√		
	3. 进出水接口检查	排水完成后用水管将进出水接口短接,防止异物掉入管内损伤冷却系统	√		
	4. 冷水机检查	① 冷水机(HC005H3-02B)标牌处必须贴上与整机相同的机器编号; ② 冷水机水箱内的水必须放干,各配件齐全且安装到位(如水箱盖、排水管堵头等); ③ 冷水机进出水接头必须用水管短接,防止异物掉入损坏冷水机	√		
	5. 模块方头及聚焦镜检查	① 整机打包前确认聚焦镜头是否从模块方头上拆下并用原包装盒装好; ② 模块方头必须用拉伸膜包好,防止异物损伤振镜片	√		
	6. 整机入库清单检查	整机入库清单填写完整、正确	√		

9.附图:

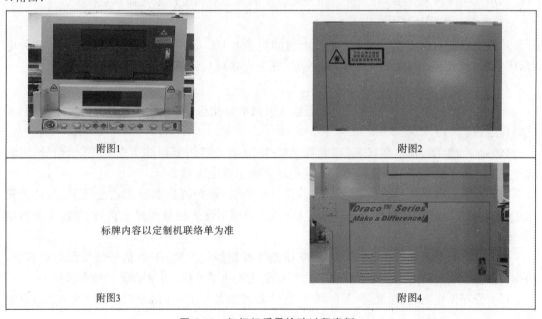

附图1

附图2

标牌内容以定制机联络单为准

附图3

附图4

图 5-40 打标机质量检验过程案例 4

附表 1

焦距/mm	BOX 大小/mm	BOX 边长误差/mm	BOX 对角线误差/mm
100	50	±0.2	±0.2
160	100	±0.2	±0.2
254	160	±0.2	±0.4
420	280	±0.5	±1.0

续图 5-40

3. 质检技术文件及资料准备知识

(1) 与设备相符的设备安装图、电气原理图、电气接线图,机械结构图、使用说明书、合格证、装箱单、易损件清单、系统软件备份是否齐全。

(2) 激光器系统主要器件清单(机械结构件、激光器、激光器电源)的型号、价格以及相关参数是否齐全。

(3) 光路系统主要器件清单(合束镜、扩束镜、振镜本体、场镜、指示红光)的品牌、型号、价格以及相关参数是否齐全。

(4) 控制系统主要器件清单(工控机、打标控制卡、数模转换卡及它们的供电电源)的品牌、型号、价格及相关参数是否齐全。

(5) 辅助系统主要器件清单(风扇、开关、射频线)的品牌、型号、价格以及相关参数是否齐全。

4. 激光器质检知识(以射频激励 CO_2 激光器为例)

从厂家购买激光器后,有条件的用户可以参照如下步骤进行激光器质量检验。

1) 质检工具和材料准备

质检工具和材料有激光器(激光管+射频电源)、UC-2000 激光器控制器、36 V 开关电源、电流表、挡光板、显影板、紫外灯、功率计(探头+接口)、计算机、玻璃片等。

2) 测试步骤

(1) 连接激光器:用射频电缆把激光器与射频电源相连,再把射频电源与信号发生器、开关电源连接。

(2) 查看激光器预电离状态:激光器、UC-2000 激光器控制器均上电,不需给信号,用玻璃片挡在出光口处看腔体内部,正常情况亮红光处于预电离状态。

(3) 查看光斑模式:激光器上电后,设置 UC-2000 激光器控制器满占空比输出,让光斑在 1 m 以外打到显影板,用紫外灯(简称 UV lamp)照射显影板看激光光斑,正常情况光斑很圆、无变化,如图 5-41 所示。

(4) 查看是否漏光:激光器、UC-2000 激光器控制器均上电,不给信号处于预电离状态,功率计放置在激光器出光口位置,观察是否有毫瓦级功率输出,正常情况无功率输出。

(5) 检查工作电流:激光器、UC-2000 激光器控制器均上电,出光口前放上挡光板,设置满功率输出,正常情况下 10 W 激光器工作电流为 7 A。

(6) 检查功率曲线:将功率计放置在出光口前,激光器、UC-2000 激光器控制器均上电,设置满功率输出,测试 30 min,得出激光功率以及 30 min 内激光功率的变化,制作成曲线图,如图 5-42 所示。

由最大功率和最小功率可计算功率稳定度,正常情况下 10 W 激光器功率稳定度是 ±15%。

3)激光器质检注意事项

(1)激光器质检时请戴好 10.6 μm 防护眼镜,避免激光直射或反射照射眼睛和皮肤。

(2)质检时有可能会产生有毒害的烟尘和油雾,请做好室内通风及废气回收措施。

(3)为避免干扰,应尽量将器件电源连接线和控制信号线分开,信号线尽量采用屏蔽线。

图 5-41　用紫外灯照射显影板看激光光斑示意图

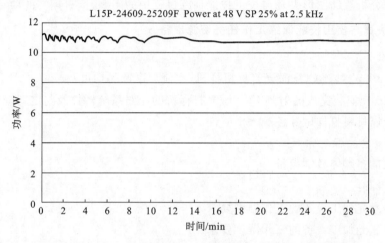

图 5-42　SYNRAD(新锐)48-1 射频激励 CO_2 激光器功率曲线

(4)激光器采用强制风冷,当激光器温度高于(54±2)℃时,激光器会发出报警信号。当激光器温度高于(60±2)℃时,激光器将会强制关闭。

想一想:为什么要用紫外灯照射显影板才能显示激光光斑?

做一做:利用紫外灯照射显影板查看激光光斑。

5.2　激光打标机整机装调技能训练

5.2.1　激光打标机图形失真与校正技能训练

1. 图形失真与校正技能训练工作任务描述

完成了光路系统器件装调的工作任务以后,激光光束按给定要求作用在工件上并形成激光光束加工路径,但还要进行图形失真与校正才能满足激光打标产品的形状和尺寸要求。

2. 图形失真与校正技能训练工作任务目标要求

1）知识要求

（1）了解射频 CO_2 激光打标机工作场地的要求。

（2）掌握振镜式激光打标机图形失真与校正原理。

2）技能要求

（1）掌握工作环境温度与湿度测量方法。

（2）掌握振镜式激光打标机图形失真校正过程。

3）职业素养

（1）遵守设备操作安全规范，爱护实训设备。

（2）积极参与过程讨论，注重团队协作和沟通。

（3）及时分析总结图形失真与校正技能训练过程中的问题，撰写翔实的项目报告。

3. 图形失真与校正技能训练工作任务资源准备

1）设施准备

（1）1 台 10 W 射频 CO_2 激光打标机样机（主流厂家产品均可）。

（2）5～10 套安装完成的射频 CO_2 激光打标机的光路系统器件及与之对应的配件。

（3）非金属材料打样试件各 50～100 件。

（4）5～10 套品牌游标卡尺。

（5）合适的多媒体教学设备。

2）场地准备

（1）满足激光加工设备的工作温度要求。

（2）满足激光加工设备的工作湿度要求。

（3）满足激光加工设备的安全操作要求。

3）资料准备

（1）主流厂家射频 CO_2 激光打标机使用说明书。

（2）主流厂家射频 CO_2 激光打标机软件使用说明书。

（3）与本工作任务配套的工作页。

图形失真与校正技能训练工作任务是一个独立的工作任务，不需进行任务分解。

4. 搜集图形失真与校正技能训练信息

搜集图形失真与校正技能训练信息，填写表 5-1。

图形失真与校正技能训练的第一步工作是，对光路系统装调后所得到的实际图形进行失真信息搜集与分析，使用校正工具测量失真图形并列出主要校正步骤。

图 5-43(a)是某台激光打标机光路系统装调后输入一个 100 mm×100 mm 方形得到的实际图形，从图形可以一眼看出它既不是标准方形，也不是标准桶形、标准梯形和标准平行四边形，而是一个存在各类图形误差和尺寸误差的图案。

调出打标机参数设置界面后可以看到此时的具体参数设置，如图 5-43(b)所示，它们虽然在振镜的工作范围内，但差别很大。

表 5-1　图形失真与校正知识总结

任务	序号	校正基本概念	主要知识点和技能点
图形失真校正知识总结	1	图形校正方法	
	2	图形失真类型	
	3	图形形状变化	
	4	图形尺寸变化	

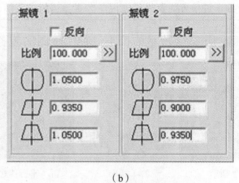

（a）　　　　　　　　　　　（b）

图 5-43　存在各类图形误差和尺寸误差的打标图案及参数设置状态

根据振镜式激光打标机图形失真与校正原理,可以进行下述第二步工作。

5. 制订图形失真与校正技能训练工作计划

制订图形失真与校正技能训练工作计划,填写表 5-2。

表 5-2　图形失真与校正技能训练工作计划表

任务	序号		
制订技能训练工作计划	1	图形校正步骤	
	2	工具及材料准备	
	3	设备状态准备	

6. 实战技能训练

实施图形校正过程,填写表 5-3。

表 5-3　图形失真与校正技能训练工作记录表

工作流程	工作内容	校正前参数记录		校正后参数记录	
		振镜1	振镜2	振镜1	振镜2
形状校正流程					
尺寸校正流程					
自带软件校正工作流程选作					

注意:每个校正过程可能要反复进行多次才能达到完美结果

(1) 根据图 5-44 所示的校正过程流程图实施各个校正步骤。

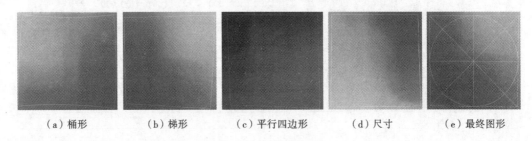

（a）桶形　　　　（b）梯形　　　　（c）平行四边形　　　　（d）尺寸　　　　（e）最终图形

图 5-44　校正过程流程图

(2) 记录各个校正步骤的参数,填写表 5-4。

表 5-4　图形失真与校正技能训练工作记录表

工作流程	工作内容	校正前参数记录		校正后参数记录	
		振镜1	振镜2	振镜1	振镜2
形状校正流程					
尺寸校正流程					
自带软件校正工作流程(选作)					

注意:每个校正过程可能要反复进行多次才能达到完美结果

7. 任务检验与评估

图形校正任务完成后,可以在打标软件中输入以下几个图案来检查校正的准确程度,如图 5-45 所示。要求越高,选用的图形越复杂。

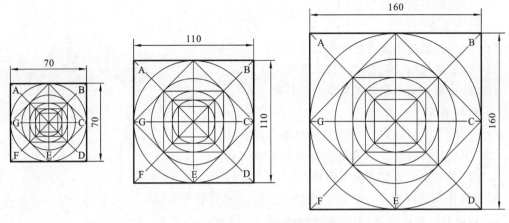

图 5-45   校正质量检查常用图形

5.2.2   激光打标机整机质检技能训练

1. 整机质检技能训练工作任务描述

完成了图形失真与校正技能训练的工作任务以后,激光光束可以满足激光打标产品的形状和尺寸要求,打标机整机经过质检就可以正式交付客户了,这是激光打标机生产过程中的最后一项工作任务。

2. 整机质检技能训练工作任务目标要求

1)知识要求

(1)掌握射频 CO_2 激光打标机整机质量评价标准。

(2)掌握射频 CO_2 激光打标机使用说明书的基本内容。

2)技能要求

(1)会进行 CO_2 激光打标机整机质检。

(2)会编写射频 CO_2 激光打标机使用说明书基本内容。

3)职业素养任务

(1)遵守设备操作安全规范,爱护实训设备。

(2)积极参与过程讨论,注重团队协作和沟通。

(3)及时总结整机技能训练过程中的问题,撰写翔实的项目报告。

3. 整机质检技能工作任务资源准备

1)设施准备

(1)1 台 10 W 射频 CO_2 激光打标机样机(主流厂家产品均可)。

(2)5～10 套安装完成的射频 CO_2 激光打标机的光路系统器件及与之对应的配件。

(3)5～10 套品牌钳工工具包。

(4)5～10 套品牌电工工具包。

（5）合适的多媒体教学设备。

2）场地准备

（1）满足激光加工设备的工作温度要求。

（2）满足激光加工设备的工作湿度要求。

（3）满足激光加工设备的安全操作要求。

3）资料准备

（1）主流厂家射频 CO_2 激光打标机使用说明书。

（2）主流厂家射频 CO_2 激光打标机软件说明书。

（3）与本工作任务配套的工作页。

整机质检技能训练是一个独立的工作任务，不进行任务分解。

4. 搜集整机质检信息，制作整机质检表

整机质检技能训练的第一步工作是对打标机整机质检的主要项目和内容进行搜集整理，为设计一张适用具体机型的质量检验总表提供依据。

对照 5.1.2 节搜集到的激光打标机整机质检案例，再对比不同厂家的质检资料，可以得出射频 CO_2 激光打标机整机质检的主要项目和内容，如表 5-5 所示。

表 5-5 射频 CO_2 激光打标机整机质检的主要项目和内容

项目	检验内容	检验标准及技术要求	缺陷分类			检查结果
			轻	重	致命	
外观检验	1.清洁（目测）	① 整机外表面干净、美观，无锈蚀、灰尘及油污，如振镜本体、激光器、水冷激光控制器、主机柜、工控机、键盘、鼠标； ② 结构件内无与整机无关的异物，如多余螺钉、线头、垫片等杂物	√			
	2.标识（目测）	① 整机各标识粘贴牢固且粘贴位置正确，标识内容正确，如激光标识、警示标识、防夹手标识等； ② 整机标牌粘贴牢固且粘贴位置正确，标识内容正确、清晰、完整； ③ 核心物料粘贴防伪码标贴，并在检验表上记录其防伪号（包括振镜、激光器、驱动器、控制板、聚焦镜头、扩束镜、工控机、显示器、打标控制卡、加密狗）	√			
	3.感观效果（目测）	① 工作台面外表面无碰伤、划伤、掉漆等现象； ② 相同位置的螺钉、垫圈、螺母规格一致； ③ 各部分安装无遗漏（如螺钉、垫片、箱盖）； ④ 各按键、开关和指示灯安装位置准确	√			
结构及工艺检验	1.完整性	① 各部分安装无遗漏（如螺钉、垫片、箱盖等）； ② 地线连接完好（如激光器、工控机、外接地）		√		
	2.牢固性	① 紧固件不得有松动和错位； ② 各部件固定螺钉不得有松动； ③ 互连信号、电源电缆连接器、BNC 信号线旋到位； ④ 各按键、开关和指示灯安装牢固无松动； ⑤ 显示器固定支架安装牢固，旋转流畅，无干涉		√		

项目	检验内容	检验标准及技术要求	缺陷分类			检查结果
			轻	重	致命	
结构及工艺检验	3.走线	接线美观,在升降过程中运动顺畅无干涉		√		
	4.开关	开关安装牢固,开关灵活		√		
	5.振镜与工作台	用水平仪分别测量振镜与工作台水平度,保持一致性		√		
配置检查	1.振镜	规格:Scan Head-8720A		√		
	2.激光器	SYNRAD48-1(可选配)		√		
	3.风扇	规格:DIS60-Q		√		
	4.场镜	标配:$f=160$ mm;可选配:$f=100$ mm,$f=254$ mm		√		
	5.扩束镜	标配:4 倍定倍扩束镜		√		
	6.工控机	研祥工控机(规格:116)		√		
	7.显示器	标配:17 寸液晶显示器		√		
	8.打标卡	标配:EMCC 卡		√		
	9.加密狗	标配:USB 式加密狗		√		
	10.键盘	外观完好,按键功能正常		√		
	11.鼠标	外观完好,按键功能正常,移动流畅		√		
	12.操作系统	Windows XP		√		
	13.打标软件	记录实际软件版本				
性能测试	1.开机检测	① 保护开关 OFF 时无法开机,保护开关 ON 时整机才能开机;② 开机/关机按键灯亮时,主机柜风扇运转,自里往外吹风,开机/关机按键灯灭时,风扇停转		√		
	2.光斑模式检查	导入软件中 BOX 图形,将其大小设置为镜头允许最大的打标范围(100 mm×100 mm)进行打标,再用白纸查看镜头光斑是否接近实心圆且光斑稳定、无明显抖动。在最大打标范围内光斑不缺光		√		需戴防护眼镜
	3.光斑位置检查	位于扩束镜和振镜中心		√		
	4.最大激光功率	在不装聚焦镜的情况下使用激光功率计测试:调入圆形图形打标测试,最大激光功率不小于 10 W		√		
	5.BOX 的实际要求	在打标软件中调入 TEST 图形,设置其边长并打标,用直尺测量 BOX 各边边长,并观察打标中激光强度是否均匀。用 3D 影像仪观察 BOX 的直线有无干扰,每个光点是否接近于圆形,拐角为标准直角		√		
	6.打标方向	BOX 打标时是从左上角开始并沿顺时针方向进行的		√		

项目	检验内容	检验标准及技术要求	缺陷分类			检查结果
			轻	重	致命	
性能测试	7.能量均匀度检查	用相对比较小的能量进行测试整个范围内的打标线条或激光点的均匀度。用最大范围BOX打标,设置填充0.5 mm的平行线或交叉平行线,观察打标区域内平行线条或激光点的颜色变化、是否缺光、光点的大小;观察打标过程中火花的大小是否一致		√		
	8.曲线直线检查	在打标软件中调入图形文件,在纸板片上打标,观察直线和曲线上激光打点的分布是否均匀,线条是否平滑,封闭图形是否能够封闭,每一个点的能量大小和圆度保持较好的一致性		√		
	9.圆形要求检查	在打标软件中调入图形,用3D影像仪观察打标效果: ① 圆形不失真,线条光滑,起笔与收笔处封口完好,无重点及错位现象; ② 直线无波浪线		√		
	10.填充效果检查	导入软件中BOX图形,填充,用3D影像仪观察其打标效果: ① 图形无变形; ② 相邻填充线之间间隔相等; ③ 线条未出边框范围,允许线条轻微出边,但不超过1/3点直径		√		
	11.最小光斑检查	输入单线条"8",用3D影像仪观察其打标效果: ①"8"字笔画清晰; ② 笔画接口完整		√		
	12.打标重复精度检查	在打标软件中导入TEST图形,设置其BOX大小并居中,连续打标5次,观察打标位置,打标图形能重合		√		
	13.开关机及振镜飘移检查	在打标软件中导入TEST图形,打一次,然后按顺序关机,关机后再开机,导入关机前同样大小的图形及参数再打标一次,检查打标重复精度: ① 能顺利开关机; ② 工作无异常; ③ 图形无偏移		√		
	14.急停开关检查	机器运行过程中按下该按钮,则切断整机电路(除工控机外)	√			
	15.升降台检查	手动升降控制: ①上下运行顺畅,无噪声及卡滞现象,方向正确; ② 上下刻度标识清晰、完整		√		
	16.绝缘电阻	将空气开关、钥匙开关、急停开关置于导通位置。被测设备的总电源输入端N线和L线短接,对电源地线进行绝缘测试,绝缘值大于5 MΩ			√	
	17.整机老化	连续老化8小时以上,且打标效果达到工艺效果检验标准的要求		√		

续表

项目	检验内容	检验标准及技术要求	缺陷分类			检查结果
			轻	重	致命	
包装检查	1. BOX参数/打标软件备份检查	整机检验合格后将BOX参数和打标软件备份至工控机系统盘以外的其他盘及U盘中(默认D盘备份有打标软件、操作系统、BOX参数)		✓		
	2. 振镜及场镜检查	① 整机打包前场镜是否从振镜上拆下并包装好; ② 振镜必须用拉伸膜包好,防止异物损伤振镜片		✓		
	3. 整机入库清单	整机入库清单填写完整、正确		✓		

5. 实战技能训练

实施整机质检过程,填写表5-5中的检查结果一档。

6. 任务检验与评估

整机质检任务完成后,就可以评估整个项目的工作质量。

5.3 激光打标机整机维护保养知识

5.3.1 维护保养知识

1. 日常维护保养知识

1)日常维护保养主要内容

(1)防尘与去尘:灰尘会使电器元件绝缘性能变坏而导致电击穿,会使运动系统磨损加剧导致精度降低,会使光路系统出光变弱和不出光。

平时要用抹布将设备外表擦洗干净,用长毛刷和高压气枪对设备内部灰尘冲刷干净。

(2)防热与排热:温升会使设备绝缘性能下降,元器件参数变差。打标机通常规定工作环境不超过40 ℃,以20~25 ℃最为合适。

(3)防振与防松:打标机对振动特别敏感,工作环境应该选择远离有冲床、重物搬运等有振动源的场所,建议安装防振垫,连接松动应重新加固。

(4)防干扰与防漏电:打标机电磁环境主要包括周围电磁场、供电电源品质、信号电气噪声干扰三个内容。

手机高频信号有时能干扰振镜打标信号。

供电电源品质较好的电网频率波动范围为±0.5%,幅度波动范围为±5%~±10%,供电电源品质差应该配置电源稳压器或UPS电源。信号线和电源线之间、信号线与信号线之间有时会产生电或磁的耦合引起电气噪声干扰,如Q高频信号线与振镜信号线缠绕在一起,一般要将这两根信号线拉开一定距离。

打标机机壳接地不但能防止漏电危险,还能防止电网对设备的干扰。

如果客户安装环境没有地线,可以将一根1 m以上扁平铁打入室外的地下当地线使用,在临时应急使用时可将地线接到供水的钢铁管上使用。

2) 日常维护保养总体注意事项

(1) 设备不工作时,应切断打标机所有六大系统的全部电源。

(2) 设备不工作时,应将机罩密封好,场镜镜头盖盖好,防止灰尘进入激光器及光路系统。

(3) 设备工作时,打标机呈高压状态,非专业人员不准开机检修,避免发生触电事故。

(4) 设备工作时,打标机出现任何故障(如漏水、电源异常、烧保险、激光器有异常响声等)应立刻切断总电源。

(5) 设备工作时,不得挪动打标机。

(6) 设备工作时,打标机上不要覆盖或堆放任何物品,以免影响散热效果。

2. 光学元件维护保养知识

1) 光学元件维护保养注意事项

(1) 维护保养时应佩戴无粉指套或橡胶/乳胶手套。

(2) 勿使用任何工具(包括镊子)夹持光学元件。

(3) 光学元件要放置在工作台的拭镜纸上。

(4) 不可清洁或触摸裸露在外的金或铜表面。

(5) 所有光学元件都是易碎品,注意防止掉落。

(6) 维护保养光学元件时要从安装支架上取出光学元件。

2) 光学元件维护保养步骤

光学元件维护保养按污染的严重程度可以部分或全部实施以下步骤,如图5-46所示。

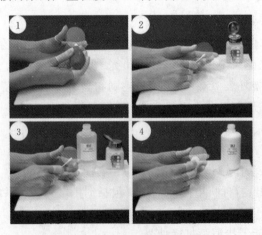

图5-46 光学元件维护保养步骤

(1) 步骤1,针对轻度污染(灰尘、纤维微粒)进行柔性清洁:用吹气气囊(俗称吸耳球)吹掉光学元件表面散落的污染物。不准使用空压机的压缩空气,它们含有的油和水会在元件表面形成有害的吸收层。

(2) 步骤 2,针对轻度污染(污渍、指印)进行柔性清洁:用无水乙醇与乙醚按 3∶1 的比例制造混合液,或用异丙醇酒精或丙酮浸润签体纯纸杆棉签或高质量医用棉球轻轻擦拭光学元件的表面。

擦拭光学元件时,应将棉签或棉球从内到外朝一个方向轻轻螺旋运动擦拭,直到光学元件的边缘,注意不要来回擦拭,如图 5-47(a)、(b)所示。

擦拭时要使用试剂级(分析纯)的溶液,还要控制擦拭速度,使棉球留下的液体恰好能立即蒸发而不留下条痕,每擦拭一次都要更换棉签或棉球。

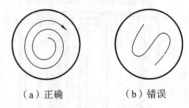

(a) 正确　　　　(b) 错误

图 5-47　光学元件擦拭方法

步骤 2 还可以采用拖动法擦拭,它是将高品质拭镜纸放在光学元件的表面,使用滴管挤出几滴溶液在拭镜纸上并润湿整个光学元件直径,在光学元件上拖动拭镜纸并控制速度,使拭镜纸留下的液体恰好能立即蒸发。

(3) 步骤 3,针对中度污染(唾液、油)进行中等强度的清洁:使用含有 6% 醋酸成分的蒸馏白醋浸润签体纯纸杆棉签或高质量医用棉球轻微擦拭光学元件的表面,再用干棉签或棉球擦去多余的蒸馏白醋,最后用步骤 2 中的溶液浸润棉签或棉球轻轻擦拭表面去除所有醋酸。

(4) 步骤 4,对受到严重污染(泼溅物)的光学元件进行强力清洁:受到严重污染和较脏的光学元件需要使用光学抛光剂去除具有吸收作用的污染层。

① 晃动并打开光学抛光剂,倒出四、五滴在棉球上并轻按在光学元件表面以画圆的方式轻轻移动棉球,同时不断旋转光学元件,清洁所用的时间不应超过 30 s。注意勿施加太大压力,避免在光学元件的表面造成划痕。如果发现元件表面颜色发生变化,则说明薄膜涂层外部已被腐蚀,应立即停止抛光。

擦拭安装在支架上的光学元件应使用绒头棉签而不是棉球,元件的直径较小时不要施加过大的压力。绒头棉签是将一根棉签放在不含有外部微粒的泡沫上前后摩擦产生绒毛即可。

② 用异丙醇酒精迅速润湿绒头棉签,然后轻轻地对光学元件表面进行彻底清洁,尽可能多地清除抛光残渣。

光学元件尺寸不小于 2.00 in(1 in=2.54 cm)时可以用棉球代替棉签。

③ 用丙酮浸湿绒头棉签并清洁光学元件的表面,以去除在清洁过程中残留的所有异丙醇酒精和抛光残渣。

当用丙酮进行最后清洁时,请在光学元件上轻轻拖动棉签,拭去原先留下的痕迹直到整个表面都被擦拭干净为止。做最后一个擦拭动作时应慢慢移动,以确保用棉签擦拭后的表面能立即变干,消除表面的条痕。

擦拭安装在支架上的光学元件时可能无法去除表面上所有残渣痕迹,特别是在外侧边缘附近的残渣,此时应确保剩余的残渣只留在光学元件的边缘而不是中心。

最后一个步骤是在良好的光线下,迎光以黑色背景为衬托仔细检查光学元件的表面,擦拭后应光亮透明,表面无尘,如果还有可见的抛光残渣需要多次重复步骤。

某些类型的污染或损坏(如金属泼溅物,坑洞等)是无法去除的,这时只能更换。

步骤 4 不能用于新的或未使用过的激光光学元件,只有光学元件在使用中被严重污染,且在执行步骤 2 或 3 后未能取得可以接受的清洁效果的情况下才能使用这一步骤。

3. 机械传动部件维护保养知识

图 5-48 是某台激光设备 Z 轴运动机械传动系统部件示意图,通过同步带传动系统和丝杆螺母传动系统把电机的旋转运动改变为 Z 轴的直线运动。机械传动系统部件主要有电机、同步带、同步带轮、导轨、滑块、螺母座、轴承座等。

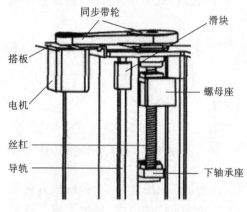

图 5-48　机械传动部件示意图

1) 导轨及滑块组件维护保养

导轨及滑块组件起导向和支承作用,要求其有高导向精度和良好运动平稳性。

(1) 导轨清洁维护:关闭电源,用棉布顺着导轨的轴向反复来回擦拭,直到光亮无尘后在表面加少许润滑油(可采用缝纫机油,切勿使用机油)并均匀分布于表面。

(2) 滑块(金属导轮)清洁维护与更换:滑块清洁维护的方法与导轨清洁维护的方法相同。

滑块是易磨损件,更换时要调整好导轨与滑块之间的间隙,调节方法为先调节滑块上的偏心轮使金属导轮轮面刚好接触导轨,锁紧滑块固定螺丝,再锁紧偏心轮上的紧固螺钉。

2) 同步带及同步带轮维护保养

同步带及同步带轮容易因微量拉伸而变长,出现松动现象,要适时进行调整。电机同步带的松紧度一般应调整到按压同步带中部时,其下沉量为两端带轮的中心距的 3%～5%。

调整过紧不仅会使传动带易拉伸变形,而且还会加速电机轴承磨损;调整过松则传动精度不准和灵敏度降低。所以对同步带的张力应调整到最佳状态。

同步带应远离油或化学品,严禁与酸、碱、油及有机溶剂接触,保持干燥清洁的状态。

同步带严重老化(或磨损),必须及时更换并注意与同步带轮匹配。同步带轮也会出现松动和磨损现象,要及时更换和锁紧,注意同步带轮与同步带要匹配。

3) 丝杆、螺母座、轴承座维护保养

丝杆、螺母座、轴承座会产生松动,要观察有没有异响并及时紧固和维护,第一次紧固应在设备使用后一个月左右。

4. 电气元件维护保养知识

电气元件主要是指限位开关、传感器、操作按钮、工作指示灯等。

1) 限位开关

至少每月检查一次限位开关是否有效,步骤如下:启动机器回零,使运动轴作极限位置运动,若运动轴到达极限位置时停止运动,则证明限位开关工作正常;若到达极限位置时还继续运动,则说明限位开关已损坏。

2）各按钮及指示灯的维护

断开相关电气连接后用万用表测量按钮触点接通及断开动作是否正常,有意触发各种工作和报警状态,测试警示灯、信号指示灯是否正常。

5. 辅助配件维护保养知识

激光设备还需要一些辅助配件,如风机、气泵、水箱等,如图 5-49 所示,维护保养以实际设备的使用说明书为准。

（a）气泵 （b）水箱、水泵 （c）风机

图 5-49 激光设备主要辅助配件

大多数激光设备需定期保养的只有两项:① 每两个月更换一次冷却水;② 每使用 300 h更换一支氪灯(国产氪灯)。

5.3.2 打标机常见故障及排除方法

由于使用或其他原因,激光打标机可能会出现故障,判断和排除简单的故障是设备调试人员的基本功力,表 5-6 列举了简单故障现象及解决方法,比较系统和复杂的故障需要针对不同的机型详细分析,这将在以后的系列教材中专题解决。

表 5-6 简单故障现象及解决方法

序号	故障现象	故障原因	解决方法
1	开机无动作	场地电源不合格	接好场地电源
		设备电源线没接好	重新拔插电源连接线
2	无激光输出	场镜镜头盖没卸下	卸下场镜镜头盖
		激光器工作温度过高	加强打标机通风
			降低环境温度
		无打标控制信号	更改软件参数设置
			重新连接信号线
		功率设置过小	调大功率百分比
		光路偏移	重新调整光路
		水保护触发	检测水保护传感器

续表

序号	故障现象	故障原因	解决方法
3	激光时有时无	冷却水循环不顺畅	清洁水箱、水泵、水管
		电源电压不稳定	输入电源增加稳压器
4	文字图形不清晰、不均匀	工作平面和场镜不平行	调平工件打标面
		被打标工件不在焦平面	使被打标面在焦平面内
5	图形方向相反	参数设置错误	设置正确的电机参数
		电机接线接反	检查电气接线

附录 A　射频 CO_2 激光打标机装调作业指导书

1. 结构件和器件安装技能训练

文件编号	项目名称	部、器件安装、连接与测试	产品名称	10 W 射频 CO_2 激光打标机	分发部门	
001	工作任务	安装结构件	产品型号	GJD-CO2-10		

装配示意图：

作业过程：

1. 根据作业指导书填写工、量具、结构件和器件领料单。
2. 对照零件图逐一检查结构件和器件有无外观损伤。如有损伤，请及时与仓库联系。
3. 对照零件图逐一检查结构件和器件的主要尺寸是否满足精度要求。如有问题，请及时与仓库联系。
4. 对照装配图将底部横板、前板、后板、振镜连接颈等部件用螺丝或 AB 胶连接成一个整体，备用。
5. 上部横板单独放置，备用。

工、量具

序号	名称	单位	数量
1	组合内六角扳手	套	1
2	组合螺丝刀	套	1
3	水平仪	个	1

需备零部件

序号	名称	单位	数量
1	上部横板	个	1
2	底部横板	个	1
3	前板及加强块	套	1
4	后板	个	1
5	振镜连接颈	个	1
6	螺丝（圆柱内六角 M5×12（10 颗）、M4×10（4 颗））	套	1

编制（日期）	校对（日期）	审核（日期）	批准（日期）	共 28 页	第 1 页

文件编号	项目名称	部件安装与测试	产品名称	10 W 射频 CO₂ 激光打标机	分发部门
001	工作任务	预装底板器件	产品型号	GJD-CO2-10	

装配示意图:

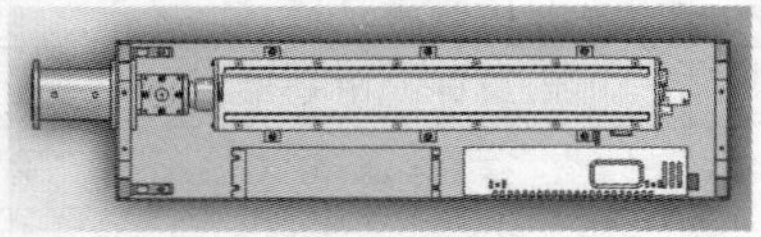

作业过程:

1. 根据作业指导书填写底板器件领料单。
2. 对照零件图逐一检查底板器件有无外观损伤，如有损伤，请及时与仓库联系。
3. 对照装配图将激光器、激光器电源及振镜/转换板电源固定在底板上。

注：将激光器出光孔对准前端封光圈中心，然后预顶固定。

工、量具

序号	名称	单位	数量
1	组合内六角扳手	套	1
2	组合螺丝刀	套	1

需备零部件

序号	名称	单位	数量
1	CO₂ 激光器:SYNRAD(新锐)48-1	个	1
2	激光器电源:SE-350	个	1
3	振镜/转换板电源:±24 V,±15 V	个	1
4	激光器压块	个	6
5	螺丝(圆柱内六角 M4×10(10 颗) 圆头内六角 M4×10(3 颗))	套	1

编制(日期)	校对(日期)	审核(日期)	批准(日期)	共 28 页 第 2 页

文件编号	项目名称	部件安装与测试	产品名称	10 W 射频 CO₂ 激光打标机	分发部门
001	工作任务	预安装后板器件	产品型号	CO2-10	

装配示意图:

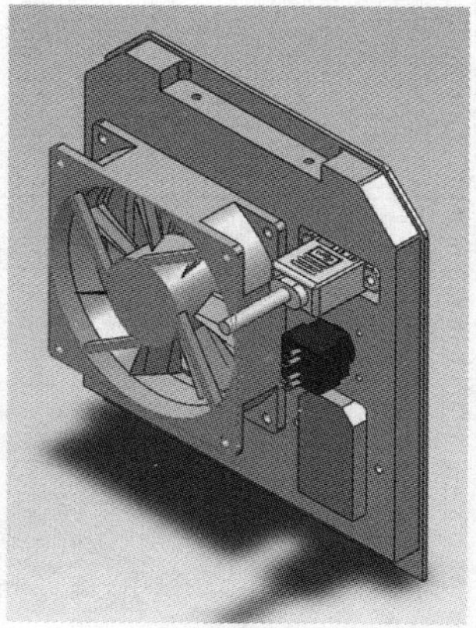

作业过程:
1. 根据作业指导书填写后板器件领料单。
2. 对照零件图逐一检查后板器件有无外观损伤,如有损伤,请及时与仓库联系。
3. 对照装配图将风扇、钥匙开关、保险开关及 USB 转接头固定在后板上。

注:风扇出风的一侧必须对准后板的内侧,亦即风扇开启时是在吹激光器。

工、量具:

序号	名称	单位	数量
1	组合内六角扳手	套	1
2	组合螺丝刀	套	1

需备零部件:

序号	名称	单位	数量
1	风扇	个	1
2	钥匙开关	个	1
3	保险开关	个	1
4	USB 转接头	个	1
5	螺丝(圆头十字 M4×45(4 颗)配螺母 M3×12(2 颗),沉头十字 M4×10(2 颗))	套	1

编制(日期)	校对(日期)	审核(日期)	批准(日期)	共 28 页	第 3 页

文件编号	项目名称	工作任务	产品名称	产品型号	分发部门
001	部件安装与测试	预安装横板器件	10 W 射频 CO_2 激光打标机	CO2-10	

装配示意图：

作业过程：

1. 根据作业指导书填写横板器件领料单。
2. 对照零件图逐一检查横板器件有无外观损伤，如有损伤，请及时与仓库联系。
3. 对照装配图将打标控制卡、数模转换板及 5 V 电源固定在横板上。

注：请将数模转换板尽量靠近打标控制卡安装，并保证控制卡与转换板的 DB15 插口相对。

工、量具：

序号	名称	单位	数量
1	组合内六角扳手	套	1
2	组合螺丝刀	套	1

需备零部件：

序号	名称	单位	数量
1	USB-SZLMC 打标控制卡	个	1
2	数模转换板	个	1
3	5 V 电源	个	1
4	螺丝（圆柱内六角 M3×7（2 颗））	套	1

编制（日期）	校对（日期）	审核（日期）	批准（日期）	共 28 页 第 4 页

2. 激光器连接技能训练

文件编号	项目名称	部、器件安装、连接与测试	产品名称	10 W 射频 CO_2 激光打标机	分发部门
001	工作任务	连接激光器及相关器件	产品型号	GJD-CO2-10	

连接示意图：

作业过程：

1. 根据示意图连接激光器电源与开关电源 30 V 接头。
2. 根据附件二，拨好线长并套上热缩管和线码，用压线钳压好接头。
3. 红线接开关电源正极，黑线接电源负极。

注：

◆ 布线过程严格参照电工布线标准。
◆ 尽量将电源线和信号线分开布放，不允许中间出现断头，避免电源线和信号线并行。
◆ 各连接线必须完整连接，不允许中间出现断头或短接。
◆ 尽量保持原电配线的完整，无特殊情况，不允许截短原配线。
◆ 用万用表检测各接通件连接无误后，检查有无松动（连接时横板可反扣在原安装位置）。
◆ 连接主要器件后，同组人员应进行互检。

工、量具

序号	名称	单位	数量
1	万用表	套	1
2	组合螺丝刀	套	1
3	斜口钳	把	1
4	剥线钳	把	1
5	压线钳	把	1
6	热风枪	把	1

需备零部件

序号	名称	单位	数量
1	2 芯电源线（2.5 平方）	毫米	200
2	线码（10,11）	个	2
3	热缩管（Φ3×6）	个	2
4	接线头	个	2

编制（日期）	校对（日期）	审核（日期）	批准（日期）	共 28 页 第 5 页

文件编号	项目名称	工作任务	产品名称	产品型号	分发部门
001	部、器件安装、连接与测试	连接激光器及相关器件	10 W 射频 CO₂ 激光打标机	GJD-CO2-10	

连接示意图：

作业过程：

1. 根据连接示意图连接激光器电源与保险开关插座。
2. 根据附件二，拨好线长并套上热缩管和线码，用压线钳压好接头。
3. 相应接好火线、零线和地线。

注：

◆ 布线过程严格参照电工布线标准。
◆ 尽量将电源线和信号线分开布放，避免电源线和信号线并行。
◆ 各连接线必须完整连接，不允许中间出现断头或断接。
◆ 尽量保持原配线的完整，无特殊情况，不允许截短原配线。
◆ 用万用表检测各接插件连接无误后，检查有无松动（连接时横板可反扣在原安装位置）。
◆ 连接主要器件后，同组人员应进行互检。

工、量具

序号	名称	单位	数量
1	万用表	套	1
2	组合螺丝刀	套	1
3	斜口钳	把	1
4	剥线钳	把	1
5	压线钳	把	1
6	热风枪	把	1

需备零部件

序号	名称	单位	数量
1	3 芯电源线（0.75 平方）	毫米	400
2	线码（1,2,3）	个	6
3	热缩管（Φ3×6）	个	6
4	接线头	个	6
5			
6			

编制（日期）	校对（日期）	审核（日期）	批准（日期）	共 28 页	第 6 页

文件编号	项目名称	部、器件安装、连接与测试	产品名称	10 W 射频 CO_2 激光打标机	分发部门
001	工作任务	连接其他器件	产品型号	GJD-CO2-10	

连接示意图：

作业过程：

1. 根据连接示意图连接风扇与振镜及转换卡电源。
2. 根据附件二，拨好线长并套上热缩管和线码，用压线钳压好接头。
3. 相应接好＋24 V 与 GND 接头。

注：

◆ 布线过程严格参照电工布线标准。
◆ 尽量将电源线和信号线分开布放，避免电源线和信号线并行。
◆ 各连接线必须完整连接，不允许中间出现断头或重接连接。
◆ 尽量保持原配线的完整，无特殊情况，不许截短原配线。
◆ 用万用表检测各接插件连接无误后，检查有无松动（连接时横板可反扣在原安装位置）。
◆ 连接主要器件后，同组人员应进行互检。

工、量具

序号	名称	单位	数量
1	万用表	套	1
2	组合螺丝刀	套	1
3	斜口钳	把	1
4	剥线钳	把	1
5	压线钳	把	1
6	热风枪	把	1

需备零部件

序号	名称	单位	数量
1	2 芯电源线（0.3 平方）	毫米	650
2	线码（15,16）	个	4
3	热缩管（Φ3×6）	个	4
4	接线头	个	4
5	24 V 风扇	个	1
6			

编制（日期）	校对（日期）	审核（日期）	批准（日期）	共 28 页	第 7 页

3. 振镜连接技能训练

文件编号	项目名称	部、器件安装、连接与测试	产品名称	10 W 射频 CO₂ 激光打标机	分发部门
001	工作任务	连接激光器件及相关器件	产品型号	GJD-CO2-10	

连接示意图：

振镜转换卡电源 ±15 V ±24 V
L N +24 V −24 V GND −15 V +15 V

作业过程：

1. 根据连接示意图连接振镜转换卡电源与保险开关插座。
2. 根据附件二，拨好线长并套上热缩管和线码，用压线钳压好接头。
3. 相应接好火线、零线和地线。

注：

◆ 布线过程严格参照电工布线标准。
◆ 尽量将电源线和信号线分开布放，避免电源线和信号线并行。
◆ 各连接线必须连接完整，不允许中间出现断头或连接。
◆ 尽量保持原配线的完整，无特殊情况，不允许截短原配线。
◆ 用万用表检测各接插件接线无误后，检查有无松动（连接时横板可反扣在原安装位置）。
◆ 连接主要器件后，同组人员应进行互检。

工、量具:

序号	名称	单位	数量
1	万用表	套	1
2	组合螺丝刀	套	1
3	斜口钳	把	1
4	剥线钳	把	1
5	压线钳	把	1
6	热风枪	把	1

需备零部件:

序号	名称	单位	数量
1	3 芯电源线(0.75 平方)	毫米	400
2	线码(4,5,6)	个	6
3	热缩管(Φ3×6)	个	6
4	接线头	个	6
5			
6			

编制（日期）	校对（日期）	审核（日期）	批准（日期）	第 8 页 共 28 页

文件编号	项目名称	工作任务	产品名称	产品型号	分发部门
001	光路系统安装与调试	连接振镜系统电源	10 W 射频 CO_2 激光打标机	GJD-CO2-10	

连接示意图：

作业过程：

1. 根据连接示意图连接振镜 DB25 针接头与振镜及转换卡电源。
2. 根据附件二，拨好线长并套上热缩管和线码，用压线钳压好接头。
3. 相应接好±24 V 与 GND 接头。

注：
◆ 布线过程严格参照电工布线标准。
◆ 尽量将电源线和信号线分开布放，避免电源线和信号线并行。
◆ 各连接线必须完整连接，不允许中间出现断头或连接。
◆ 尽量保持原配线的完整，无特殊情况，不允许截短原配线。
◆ 用万用表检测各接插件连接无误后，检查有无松动（连接时横板可反扣在原安装位置）。
◆ 连接主要器件后，同组人员应进行互检。

工、量具：

序号	名称	单位	数量
1	万用表	套	1
2	组合螺丝刀	套	1
3	斜口钳	把	1
4	剥线钳	把	1
5	压线钳	把	1
6	热风枪	把	1

需备零部件：

序号	名称	单位	数量
1	4 芯电源线（0.5 平方）	毫米	550
2	线码（12、13、14）	个	3
3	热缩管（Φ3×6）	个	3
4	接线头	个	4

编制（日期）	校对（日期）	审核（日期）	批准（日期）	共 28 页 第 9 页

文件编号	项目名称	工作任务	产品名称	10 W 射频 CO_2 激光打标机	分发部门	
001	光路系统安装与调试	连接振镜与装换卡信号线	产品型号	GJD-CO2-10		

连接示意图：

作业过程：

1. 根据连接示意图连接振镜与转换卡。
2. 根据附件二，拨好线长并套上热缩管和线码，用压线钳压好接头。
3. 相应接好±15 V 与 GND 电源接头。

注：

◆ 布线过程严格参照电工布线标准。
◆ 尽量将电源线和信号线分开布放，避免电源线和信号线并行。
◆ 各连接线必须完整，不允许中间出现断头或连接。
◆ 尽量保持原配线的完整，无特殊情况，不允许截短原配线。
◆ 用万用表检测各接插件连接无误后，检查有无松动（连接时横板可反扣在原安装位置）。
◆ 连接主器件后，同组人员应进行互检。

	工、量具					需备零部件			
序号	名称	单位	数量		序号	名称	单位	数量	
1	万用表	套	1		1	3 芯信号线（0.3 平方）	毫米	850	
2	组合螺丝刀	套	1		2	线码（26,27,28,29）	个	4	
3	斜口钳	把	1		3	热缩管（Φ3×6）	个	4	
4	剥线钳	把	1		4	接线头	个	4	
5	压线钳	把	1						
6	热风枪	把	1						

编制（日期）	校对（日期）	审核（日期）	批准（日期）	第 10 页 共 28 页

文件编号	项目名称	工作任务	产品名称	产品型号	分发部门
001	光路系统安装与调试	连接转换卡电源线	10 W 射频 CO_2 激光打标机	GJD-CO2-10	

连接示意图：

作业过程：

1. 根据连接示意图连接装换卡与振镜及转换卡电源。
2. 根据附件二，拨好线长并套上热缩管，用压线钳压好接头。
3. 相应接好好±15 V 与 GND 接头。

注：

◆ 布线过程严格参照电工布线标准。
◆ 尽量将电源线和信号线分开布放，不允许电源线和信号线并行。
◆ 各连接线必须完整连接，不允许中间出现断头或连接。
◆ 尽量保持配线的完整，无特殊情况，不允许截短原配线。
◆ 用万用表检测各接插件连接无误后，检查有无松动（连接时横板可反扣在原安装位置）。
◆ 连接主要器件后，同组人员应进行互检。

工、量具

序号	名称	单位	数量
1	万用表	套	1
2	组合螺丝刀	套	1
3	斜口钳	把	1
4	剥线钳	把	1
5	压线钳	把	1

需备备零部件

序号	名称	单位	数量
1	4 芯电源线（0.5 平方）	毫米	550
2	线码（17,18,19）	个	6
3	热缩管（Φ3×6）	个	6
4	接线头	个	6

编制（日期）	校对（日期）	审核（日期）	批准（日期）	共 28 页	第 11 页

4. 控制系统连接技能训练

文件编号	项目名称	部、器件安装、连接与测试	产品名称	10 W 射频 CO₂ 激光打标机	分发部门
001	工作任务	安装激光器及相关器件	产品型号	GJD-CO2-10	

连接示意图：

作业过程：

1. 根据连接示意图连接控制卡与 5 V 电源。
2. 根据附件二，拨好线长并套上热缩管和线码，用压线钳压好接头。
3. 相应接好 5 V 电源正、负接头至打标控制卡 CON2 的 12、24 脚，13、25 脚。

注：

◆ 布线过程严格参照电工布线标准。
◆ 尽量将电源线和信号线分开连接，避免电源线和信号线并行。
◆ 各连接线必须完整连接，不允许中间出现断头或差连接。
◆ 尽量保持原配线的完整，无特殊情况，不允许截短原配线。
◆ 用万用表检测各接插件连接无误后，检查有无松动（连接时横板可反扣在原安装位置）。

工、量具

序号	名称	单位	数量
1	万用表	套	1
2	组合螺丝刀	套	1
3	斜口钳	把	1
4	剥线钳	把	1
5	压线钳	把	1
6	热风枪	把	1
7	电烙铁	套	1

需备零部件

序号	名称	单位	数量
1	2 芯电源线（0.5 平方）	毫米	350
2	线码（22,23）	个	2
3	热缩管（Φ3×6）	个	4
4	接线头	个	2
5	DB25 针公头	个	1
6	螺丝	套	1

编制（日期）	校对（日期）	审核（日期）	批准（日期）	共 28 页
				第 12 页

文件编号	项目名称	工作任务	产品名称	分发部门
001	部、器件安装、连接与测试	安装激光器及相关器件	10 W 射频 CO_2 激光打标机	
			产品型号	
			GJD-CO2-10	

连接示意图：

控制器 / 控制卡

作业过程：

1. 根据连接示意图连接控制卡与 BNC 接头。
2. 根据附件二，拨好线长并套上热缩管和线码，用压线钳压好接头。
3. 相应接好 5 V 电源正、负接头。

注：

◆ 布线过程严格参照电工布线标准。
◆ 尽量将电源线和信号线分开布放，避免电源和信号线并行。
◆ 各连接线必须完整连接，不允许中间出现断接或套接。
◆ 尽量保持原配线的完整，无特殊情况，不允许截短原配线。
◆ 用万用表检测各接插件连接无误后，检查有无松动，检查有无差错。
◆ 连接主要器件后，同组人员应进行互检（连接时横板可反扣在原安装位置）。

工、量具

序号	名称	单位	数量
1	万用表	套	1
2	组合螺丝刀	套	1
3	斜口钳	把	1
4	剥线钳	把	1
5	压线钳	把	1
6	热风枪	把	1
7	电烙铁	套	1

需备零部件

序号	名称	单位	数量
1	2 芯电源线（0.3 平方）	毫米	650
2	线码（24、25）	个	4
3	热缩管（Φ3×6）	个	4
4	热缩管（Φ6×10）	个	2
5	接线头	个	2
6	BNC 公头	个	1
7	螺丝	套	1

编制（日期）	校对（日期）	审核（日期）	批准（日期）	
			共 28 页	第 13 页

文件编号	项目名称	部、器件安装、连接与测试	产品名称	10 W 射频 CO_2 激光打标机	分发部门	
001	工作任务	安装激光器及相关器件	产品型号	GJD-CO2-10		

连接示意图：

作业过程：

1. 根据连接示意图连接控制卡与后板的 USB 接头。
2. 连接后板转接头与工控机的 USB 连接线。

注：

◆ 布线过程严格参照电工布线标准。
◆ 尽量将电源线和信号线分开布放，避免电源线或信号线并行。
◆ 各连接线必须完整连接，不允许中间出现断头或连接。
◆ 尽量保持原配线的完整，无特殊情况，不允许截短原配线。
◆ 用万用表检测各接插件连接无误后，检查有无松动（连接时横板可反扣在原装位置）。
◆ 连接主要器件后，同组人员应进行互检。

工、量具

序号	名称	单位	数量
1	万用表	套	1
2	组合螺丝刀	套	1

需备零部件

序号	名称	单位	数量
1	USB 信号线	条	1
2	USB 接线头	个	1
3	USB 转接线	条	1
4			
5			
6			

编制（日期）	校对（日期）	审核（日期）	批准（日期）	共 28 页	第 14 页

文件编号	项目名称	产品名称	分发部门
001	部、器件安装、连接与测试	10 W 射频 CO_2 激光打标机	
	工作任务	产品型号	
	连接工控机	GJD-CO2-10	

连接示意图：

电源开关　散热窗　重启开关　键盘开关　USB接口　光驱

作业过程：

1. 根据作业指导书填写工控机领料单。
2. 对照工控机说明书检查备件是否完整，如有损伤，请及时与仓库联系。
3. 对照说明书连接主机箱、显示器、键盘及鼠标。
4. 根据打标机控制卡安装说明书，安装打标软件、控制卡驱动、加密狗驱动。

注：严格按照工控机使用说明书，控制卡安装使用说明书来操作。

工、量具

序号	名称	单位	数量
1	组合螺丝刀	套	1

需备零部件

序号	名称	单位	数量
1	主机箱	个	1
2	显示器	个	1
3	键盘	个	1
4	鼠标	个	1
5	金橙子打标软件及加密狗	套	1
6	激光打标控制卡	张	1

编制（日期）	校对（日期）	审核（日期）	批准（日期）	共 28 页　第 15 页

文件编号	项目名称	部、器件安装、连接与测试	产品名称	10 W 射频 CO₂ 激光打标机		分发部门	
001	工作任务	安装软件、激光出光测试	产品型号	GJD-CO2-10			

作业过程：

1. 根据作业指导书填写领料单。
2. 对照设备说明书检查备件是否完整，如有损伤，请及时与仓库联系。
3. 对照说明书连接外部电源。
4. 根据打标控制卡操作说明书、激光器说明书、打标软件说明书操作设备。
5. 打开外部电源，打开软件，设置激光参数，测试激光，检查激光器出光是否正常，不正常则检查故障并排除；正常关机。
6. 填写测试报告。

注：

◆ 严格按照工控机使用说明书、控制卡安装说明书来操作。
◆ 注意安全规范操作，包括但不限于电击危险、激光危险等。

工、量具

序号	名称	单位	数量
1	万用表	套	1

需备零部件

序号	名称	单位	数量
1	激光器	个	1
2	工控机	个	1

编制（日期）	校对（日期）	审核（日期）	批准（日期）	共 28 页
				第 16 页

文件编号	项目名称	工作任务	产品名称	产品型号	分发部门
001	光路系统安装与调试	转换卡与控制卡信号线	10 W 射频 CO₂ 激光打标机	GJD-CO2-10	

连接示意图：

作业过程：

1. 根据连接示意图连接控制卡与转换卡的 DB15 针连线。
2. 根据附件二，拨好线长，用压线钳压好接头。
3. 相应接好转换卡 CON1 与控制卡 CON1 D 信号线 DB15 针接头。

注：

◆ 布线过程严格参照电工布线标准。
◆ 尽量将电源线和信号线分开布放，避免电源线和信号线并行。
◆ 各连接线必须完整连接，不允许中间出现断头或连接。
◆ 尽量保持原配线的完整，无特殊情况，不允许截短原配线。
◆ 用万用表检测各接插件连接无误后，检查有无松动（连接时横板可反扣在原安装位置）。
◆ 连接主要器件后，同组人员应进行互检。

工、量具

序号	名称	单位	数量
1	万用表	套	1
2	组合螺丝刀	套	1
3	斜口钳	把	1
4	剥线钳	把	1
5	压线钳	把	1
6	热风枪	把	1

需备零部件

序号	名称	单位	数量
1	15 芯信号线	毫米	100
2	DB 接线头	个	2

编制（日期）	校对（日期）	审核（日期）	批准（日期）	第 17 页	共 28 页

5. 光路系统安装技能训练

文件编号	项目名称	工作任务	产品名称	分发部门
001	光路系统安装与调试	粗调激光器光路	10 W 射频 CO_2 激光打标机	
			产品型号　GJD-CO2-10	

作业过程：

1. 将激光器支架安装于水平升降工作台上，并调整在水平位置。
2. 将激光器的输出端口对准扩束镜支架窗口。
3. 初步固定激光器的螺丝。
4. 固定好光靶，打开激光器光闸门。
5. 打开计算机，设备总开关，激光器钥匙开关。
6. 打开激光软件，进入激光测试状态界面。
7. 设置激光控制参数，开激光。
8. 检查光靶上光斑位置，调整激光器直至光斑落在光靶中心。
9. 锁紧激光器固定螺丝，再次检查光斑位置直至无明显误差，关闭激光器。

注：注意安全规范操作，包括但不限于电击危险，激光危险等。

连接示意图：

工、量具：

序号	名称	单位	数量
1	组合螺丝刀	套	1
2	组合内六角扳手	套	1
3	光靶	套	1
4	游标卡尺	套	1
5	水平尺	把	1

需备零部件

序号	名称	单位	数量
1	水平升降工作台	个	1
2	螺丝（圆柱内六角 M6×15（4 颗））	套	1

编制（日期）	校对（日期）	审核（日期）	批准（日期）
		共 28 页	第 18 页

文件编号	项目名称	光路系统安装与调试	产品名称	10 W 射频 CO₂ 激光打标机	分发部门
001	工作任务	粘接合束镜	产品型号	GJD-CO2-10	

示意图:

合束镜粘接框

作业过程:
1. 根据作业指导书填写合束镜粘接领料单。
2. 对照零件图检查合束镜有无外观损伤,如有损伤,请及时与仓库联系。
3. 拆除红光固定块。
4. 按说明书要求取出环氧 AB 胶,调匀后均匀抹在合束镜粘接框内。
5. 取出合束镜,确保表面无污染无杂质,装入合束镜粘接框内压紧,放置于阴凉处待干后使用。

注:合束镜粘接过程中不得将环氧 AB 胶涂抹到镜片中间位置。

工、量具

序号	名称	单位	数量
1	组合内六角扳手	套	1
2	组合螺丝刀	套	1
3	环氧 AB 胶	支	1
4			
5			

需备零部件

序号	名称	单位	数量
1	AR@10600nm&HR@650nm@45°合束镜	个	1
2		个	1
3			
4			
5			

编制(日期)	校对(日期)	审核(日期)	批准(日期)	共 28 页	第 19 页

文件编号	项目名称	工作任务	产品名称	产品型号	分发部门
001	光路系统安装与调试	连接半导体激光器	10 W 射频 CO_2 激光打标机	GJD-CO2-10	

连接示意图：

作业过程：
1. 根据连接示意图连接半导体红光指示器与 5 V 电源。
2. 根据附件二，拨好线长并套上热缩管和线码，用压线钳压好接头。
3. 相应接好 5 V 电源正、负接头。

注：
◆ 布线过程严格参照电工布线标准。
◆ 尽量将电源线和信号线分开布放，避免电源线和信号线并行。
◆ 各连接线必须完整连接，不允许中间出现断头或连接。
◆ 尽量保持原配线的完整，无特殊情况，不允许截短原配线。
◆ 用万用表检测各接插件连接无误后，检查有无松动（连接时横板可反扣在原安装位置）。
◆ 连接主要器件后，同组人员应进行互检。

工、量具

序号	名称	单位	数量
1	万用表	套	1
2	组合螺丝刀	套	1
3	斜口钳	把	1
4	剥线钳	把	1
5	压线钳	把	1
6	热风枪	把	1

需备零部件

序号	名称	单位	数量
1	2 芯电源线（0.5 平方）	毫米	150
2	线码（20,21）	个	2
3	热缩管（Φ3×6）	个	2
4	接线头	个	2

编制（日期）	校对（日期）	审核（日期）	批准（日期）	第 20 页 共 28 页

文件编号	项目名称	工作任务	产品名称	10 W 射频 CO_2 激光打标机	分发部门
001	光路系统安装与调试	调整红光及合束镜光路	产品型号	GJD-CO2-10	

示意图：

合束镜粘接框

作业过程：

1. 调整半导体红光指示器聚焦位置。
2. 将半导体红光指示器装在合束支架并锁紧。
3. 将合束镜支架固定在前板位置。
4. 打开半导体红光指示器电源。
5. 调整半导体红光指示器位置，使红光光斑落在光靶正中心。
6. 锁紧半导体红光指示器固定螺丝。
7. 调整半导体红光指示器与激光器之间的防尘套，使它们之间的光路密封。
8. 再次检查红光光斑位置，若无误差，则关闭红光电源。

注：注意安全规范操作，包括但不限于电击危险、激光危险等。

工、量具

序号	名称	单位	数量
1	组合螺丝刀	套	1
2	组合内六角扳手	套	1
3	光靶	套	1
4	游标卡尺	套	1

需备零部件

序号	名称	单位	数量
1	升降工作台	个	1
2	螺丝（沉头内六角 M5×12（4 颗））	个	4

编制（日期）	校对（日期）	审核（日期）	批准（日期）	共 28 页	第 21 页

文件编号	项目名称	光路系统安装与调试	产品名称	10 W 射频 CO_2 激光打标机	分发部门	
001	工作任务	安装扩束镜、调试光路	产品型号	GJD-CO2-10		

连接示意图：

螺钉1、4
螺钉2、5
螺钉3、6

作业过程（扩束镜）：
1. 检查扩束镜质量。
2. 判断出扩束镜的激光出入窗口。
3. 将扩束镜装在扩束镜支架。
4. 打开半导体红光指示器，调整扩束镜位置，使扩束镜的激光出入窗口位于红光的光轴位置。
5. 打开激光，用激光显影板观察激光光斑，调整扩束镜微调螺丝，使激光出射光斑完整。
6. 锁紧扩束镜微调螺丝，再次检查激光光斑，若无误，则可关闭激光电源及红光电源。
注：注意安全规范操作，包括但不限于电击危险、激光危险等。

工、量具：

序号	名称	单位	数量
1	组合螺丝刀	套	1
2	组合内六角扳手	套	1
3	光靶	套	1
4	游标卡尺	套	1

需备零部件：

序号	名称	单位	数量
1	升降工作台	个	1

编制（日期）	校对（日期）	审核（日期）	批准（日期）	共 28 页
				第 22 页

文件编号	项目名称	工作任务	产品名称	产品型号	分发部门
001	光路系统安装与调试	安装振镜	10 W 射频 CO_2 激光打标机	GJD-CO2-10	

装配示意图：

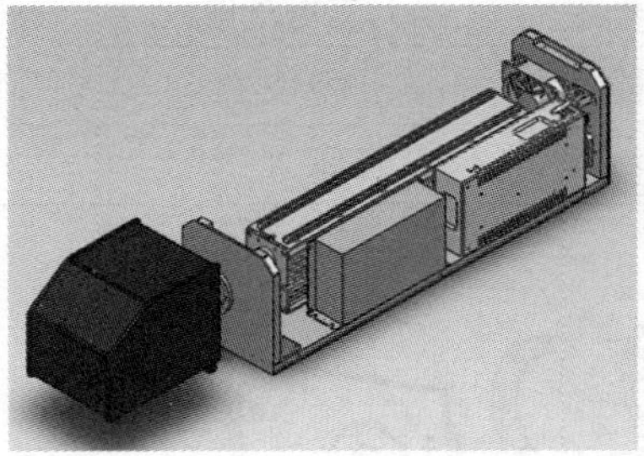

作业过程：
1. 根据作业指导书填写扩束镜与振镜领料单。
2. 对照零件图逐一检查振镜有无外观损伤，如有损伤，请及时与仓库联系。
3. 将振镜转换板安装到位。
4. 将扫描振镜安装到正确位置。

注：
◆ 严格按照振镜说明书操作。
◆ 注意安全规范操作，包括但不限于电击危险、激光危险等。

工、量具

序号	名称	单位	数量
1	组合内六角扳手	套	1
2	组合螺丝刀	套	1

需备零部件

序号	名称	单位	数量
1	升降工作台	个	1
2	TS-8720A 振镜	个	1
3	螺丝（圆柱内六角 M5×12（8 颗））	套	1

编制（日期）	校对（日期）	审核（日期）	批准（日期）	共 28 页　第 23 页

218 激光打标机装调知识与技能训练

文件编号	项目名称	光路系统安装与调试	产品名称	10 W 射频 CO_2 激光打标机	分发部门
001	工作任务	调试光路	产品型号	GJD-CO2-10	

示意图:

作业过程:

1. 将振镜安装在相应位置，调整振镜外壳水平位置，锁紧螺丝。
2. 检查振镜 X,Y 镜片是否在极限位置会相互碰撞，有则调整，直至正常。
3. 打开振镜，红光电源，检查红光光斑是否在振镜 X,Y 镜片正中。若不在正中，则加以调整，直至正常。
4. 断电，再次重复第二步骤。
5. 打开软件，调入一个 100 mm×100 mm 的正方形。
6. 以低速打标，用显影板检查光斑是否有缺角，若有缺角，则相应调整振镜 X,Y 轴位置，解决缺角问题，锁紧振镜。

注:
◆ 严格按照振镜说明书操作。
◆ 注意安全规范操作，包括但不限于电击危险，激光危险等。

工、量具

序号	名称	单位	数量
1	组合螺丝刀	套	1
2	组合内六角扳手	套	1
3	游标卡尺	套	1
4	水平尺	把	1

需备零部件

序号	名称	单位	数量
1	升降工作台	个	1
2	TS-8720A 振镜	个	1

编制（日期）	校对（日期）	审核（日期）	批准（日期）	共 28 页 第 24 页

6. 软件校正技能训练

文件编号	项目名称	整机安装与调试	产品名称	10 W 射频 CO$_2$ 激光打标机	分发部门
001	工作任务	布置整机安装场地	产品型号	GJD-CO2-10	

1. 设备环境要求

安装于无粉尘、无油烟、无腐蚀性气体的工作间内，环境温度 0~42 ℃；湿度 45%~85%。

2. 输入电源要求

输入电压：220 V±10%；频率：50 Hz；输入功率：200 V·A。

作业过程：

1. 清理工作空间。
2. 设置温度、湿度等环境条件。
3. 检测环境温度、湿度等环境条件并做好记录。
4. 检查输入电源参数、供气、排气等工作外围配置并做好记录。
5. 发现工作所需条件无法满足时，需向上级反映并及时跟踪处理；激光危险等。

注：注意安全规范操作，包括但不限于电击危险、激光危险等。

工、量具

序号	名称	单位	数量
1	温度计	套	1
2	湿度计	套	1
3	万用表	套	1
4	卷尺	个	1
5	水平尺	把	1

需备零部件

序号	名称	单位	数量
1	升降工作台	个	1

编制（日期）	校对（日期）	审核（日期）	批准（日期）	共 28 页 第 25 页

文件编号	项目名称	工作任务	产品名称	10 W 射频 CO_2 激光打标机	分发部门
001	整机安装与调试	扫描校正	产品型号	GJD-CO2-10	

示意图：

作业过程：
1. 将激光器安装在水平升降台上。
2. 将工作台平面调校在水平状态。
3. 调整激光焦距。
4. 打开激光控制软件校正界面。
5. 根据激光振镜的最大打标范围设置好相应镜头参数。
6. 调入一个正方形图，调整到最大打标范围的参数。
7. 设置打标参数，在一平面材料上打标。
8. 用卡尺测量材料上的打标尺寸。
9. 相应调整矩形大小、直线失真、平行度、对角线等参数，直至打标效果尺寸与软件图形尺寸一致。
10. 保存校正参数。

注：注意安全规范操作，包括但不限于电击危险、激光危险等。

工、量具

序号	名称	单位	数量
1	组合螺丝刀	套	1
2	组合内六角扳手	套	1

需备备零部件

序号	名称	单位	数量
1	升降工作台	个	1

编制（日期）	校对（日期）	审核（日期）	批准（日期）	共 28 页	第 26 页

文件编号	项目名称		产品名称	10 W 射频 CO_2 激光打标机	分发部门
001	工作任务	整机安装与调试	产品型号	GJD-CO2-10	
		打样及整机质检			

工作任务：

1. 打标重复精度检查
在打标软件中导入 TEST 图形，设置其大小并居中，连续打标 5 次，观察打标位置、打标图形能否重合。
2. 激光输出参数
波长：1.060 μm　平均功率：10 W
功率波动：<5%　光束质量：M_2<2
3. 整机老化
连续老化 8 小时以上，且打标效果达到工艺效果检验标准的要求。

作业过程：

1. 选取各类材料若干。
2. 根据不同材料调校出最佳打标效果。
3. 相同机型对相同材料的打标效果进行对比。
4. 保存最佳参数。
5. 盖上外壳，锁紧外部螺丝。
6. 测试激光功率等参数。
7. 整机老化。
8. 测试激光参数稳定度。
9. 做好文字记录。
10. 关机。

注：注意安全规范操作，包括但不限于电击危险、激光危险等。

工、量具

序号	名称	单位	数量
1	组合螺丝刀	套	1
2	组合内六角扳手	套	1

需备零部件

序号	名称	单位	数量
1	升降工作台	个	1
2	螺丝（圆柱内六角 M8×15(2 颗)、圆头内六角 M4×10(6 颗)）	套	1

编制（日期）	校对（日期）	审核（日期）	批准（日期）	共 28 页　第 27 页

文件编号	项目名称	产品名称	10 W 射频 CO₂ 激光打标机	分发部门
001	工作任务	产品型号	GJD-CO2-10	
	整机安装调试 整理场地、任务总结			

示意图：

作业过程：
1. 整理工具。
2. 检查外观。
3. 整理场地。
4. 整理资料，对装机过程进行小结。
5. 总结实训过程。
注：注意安全规范操作，包括但不限于电击危险，激光危险等。

工、量具

序号	名称	单位	数量
1	组合螺丝刀	套	1
2	组合内六角扳手	套	1

需备零部件

序号	名称	单位	数量
1	整机	台	1
2			
3			
4			
5			

编制（日期）	校对（日期）	审核（日期）	批准（日期）	共 28 页　第 28 页

附录 B GJD-CO2-10 10 W 射频 CO_2 激光打标机整机布线标示

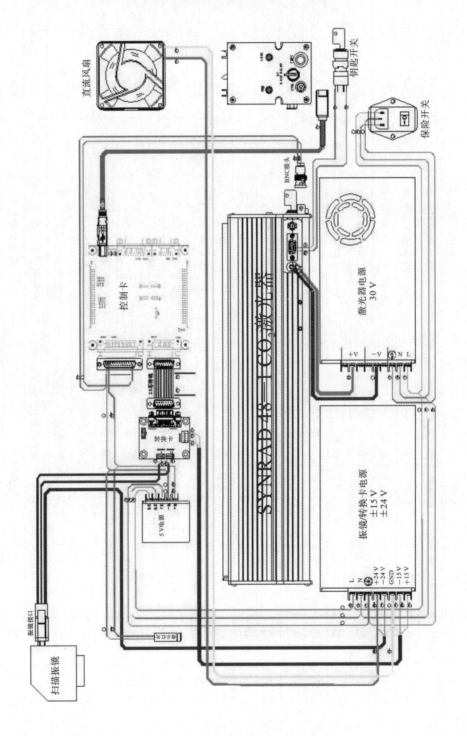

线号	颜色	连接端 1	连接端 2	长度/mm	规格/mm²	备注
1	棕色	保险开关 L	30 V 激光器电源	400	0.75	
2	蓝色	保险开关 N	30 V 激光器电源	400	0.75	
3	黄色	保险开关 E	30 V 激光器电源	400	0.75	
4	棕色	30 V 激光器电源	±24 V~±15 V 振镜、转换卡电源	350	0.75	
5	蓝色	30 V 激光器电源	±24 V~±15 V 振镜、转换卡电源	350	0.75	
6	黄色	30 V 激光器电源	±24 V~±15 V 振镜、转换卡电源	350	0.75	
7	棕色	±24 V~±15 V 振镜、转换卡电源	5 V 电源	400	0.75	
8	蓝色	±24 V~±15 V 振镜、转换卡电源	5 V 电源	400	0.75	
9	黄色	±24 V~±15 V 振镜、转换卡电源	5 V 电源	400	0.75	
10	黑色	30 V 激光器电源－V	激光器	200	2.5	
11	红色	30 V 激光器电源＋V	激光器	200	2.5	
12	红色	±24 V~±15 V 振镜、转换卡电源（＋24 V）	扫描振镜 DB25（25 脚＋24 V）	550	0.5	桑尼振镜附件
13	蓝色	±24 V~±15 V 振镜、转换卡电源（－24 V）	扫描振镜 DB25（11 脚－24 V）	550	0.5	
14	黄色	±24 V~±15 V 振镜、转换卡电源（GND）	扫描振镜 DB25（12 脚 GND）	550	0.5	
15	红色	±24 V~±15 V 振镜、转换卡电源（＋24 V）	直流风扇	650	0.3	
16	黄色	±24 V~±15 V 振镜、转换卡电源（GND）	直流风扇	650	0.3	
17	黄色	±24 V~±15 V 振镜、转换卡电源（GND）	转换卡 CON2（GND）	550	0.5	
18	蓝色	±24 V~±15 V 振镜、转换卡电源（－15 V）	转换卡 CON2（－15 V）	550	0.5	
19	红色	±24 V~±15 V 振镜、转换卡电源（＋15 V）	转换卡 CON2（＋15 V）	550	0.5	
20	红色	5 V 电源（＋V）	半导体激光器	150	0.5	
21	蓝色	5 V 电源（－V）	半导体激光器	150	0.5	

续表

线号	颜色	连接端 1	连接端 2	长度/mm	规格/mm²	备注
22	红色	5 V 电源（＋V）	打标卡 CON2(12,24 脚 5 V)	350	0.5	
23	蓝色	5 V 电源（－V）	打标卡 CON2(13,25 脚 GND)	350	0.5	
24	红色	打标卡 CON2(14 脚 PWM＋)	BNC 接头（内＋）	650	0.3	
25	紫色	打标卡 CON2(13,25 脚 GND)	BNC 接头（外－）	650	0.3	
26	红色	转换卡 CON4（X＋）	扫描振镜 DB25(16 脚 X＋信号)	850	0.3	
27	蓝色	转换卡 CON4(X－)	扫描振镜 DB25(3 脚 X－信号)	850	0.3	桑尼振
28	红色	转换卡 CON5(Y＋)	扫描振镜 DB25(17 脚 Y＋信号)	850	0.3	镜附件
29	蓝色	转换卡 CON5(Y－)	扫描振镜 DB25(4 脚 Y－信号)	850	0.3	
30	红色	激光器 DB9 控制端口（7 脚）	钥匙开关（COM）	250	0.3	
31	蓝色	激光器 DB9 控制端口（6 脚）	钥匙开关（NO）	250	0.3	
32	黑色	打标卡（USB）				外购
33	灰色	转换卡 CON1	打标卡 CON1			15pin 排线压制

参 考 文 献

[1] 施亚齐,戴梦楠.激光原理与技术[M].武汉:华中科技大学出版社,2012.

[2] 张冬云.激光先进制造基础实验[M].北京:北京工业大学出版社,2014.

[3] 金冈夏.图解激光加工实用技术:加工操作要领与问题解决方案[M].北京:冶金工业出版社,2013.

[4] 史玉升.激光制造技术[M].北京:机械工作出版社,2011.

[5] 郭天太,陈爱军,沈小燕,等.光电检测技术[M].武汉:华中科技大学出版社,2012.

[6] 刘波,徐永红.激光加工设备理实一体化教程[M].武汉:华中科技大学出版社,2016.

[7] 徐永红,王秀军.激光加工实训技能指导理实一体化教程[M].武汉:华中科技大学出版社,2014.

[8] 若木守明.光学材料手册[M].北京:化学工业出版社,2009.

[9] SYNRAD 48 系列激光器使用说明书.

[10] SOF_CUB_EZCAD2UNI_V2(1)_国际版软件使用手册.北京金橙子科技股份有限公司.

[11] 8720A_CN 振镜使用说明书.北京世纪桑尼科技有限公司.

[12] CoFile 外部校正说明书.北京金橙子科技股份有限公司.